할머니와 나의
사계절 요리학교

할머니와 나의 사계절 요리학교

1판 1쇄 발행 2023년 7월 12일
1판 2쇄 발행 2023년 9월 1일

지은이 예하·임홍순

발행처 (주)수오서재
발행인 황은희 장건태
책임편집 박세연
편집 최민화 마선영
마케팅 황혜란 안혜인
디자인 권미리

제작 제이오
주소 경기도 파주시 돌곶이길 170-2 (10883)
등록 2018년 10월 4일 (제406-2018-000114호)
전화 031 955 9790
팩스 031 946 9796
전자우편 info@suobooks.com
홈페이지 www.suobooks.com
ISBN 979-11-93238-01-1 (13590)
책값은 뒤표지에 있습니다.

할머니와 나의

사계절 요리학교

예하 · 임홍순
지음

수오서재

아주아주 먼 훗날에는,

꽃으로 태어나 누군가의 길이 되어 쉼을 선물해야지.

지는 날엔 땅에게 얼굴을 비비며 사랑을 전해야지.

마지막 날엔 자그마한 씨앗이 되어 세상을 여행하고

또다시 할머니 옆에 자리를 잡아야지.

이건 첫사랑보다 진한,

나의 할머니에 대한 이야기.

세상 하나뿐인 요리학교에 입학했습니다

모락모락 떠오르는 하얀 구름, 또르르 물소리, 달콤하면서 습한 냄새. 구석에 자리 잡은 작은 아이가 보입니다. 분주한 두 사람 사이에서 아이는 익숙한 듯 말랑하고 따뜻한 무언가를 집어 먹어요. 녹을 듯 부드러운 무언가. 그곳은 떡집입니다.

저의 어린 시절 속 파편들을 붙여나가다 보면 그사이엔 늘 떡이 있습니다. 떡집을 하셨던 조부모님 품속에서 유년 시절을 보냈거든요. 한때 진주를 휘어잡았던 떡집을 30년 넘게 운영하셨던 두 분. "우리 건물을 빙빙 휘감을 정도로 사람이 많았어!" 지금은 전설로 남아버린 이 한마디가 북적이던 그날의 공기를 설명해줍니다. 매일 전쟁터에 뛰어들듯 분주했던 두 분 사이에서 홀로 느긋했던 저에게 그곳은 따끈하고 말랑한 장난감을 마음껏 만질 수 있는 놀이터였습니다. 작은 구멍에서 이어져 나오는 가래떡이 물속으로 퐁당 떨어지는 순간, 하얀 김을 내뿜으며 엎어지는 시루떡들. 쌀이 떡으로 태어나는 과정들을 바라보며 포장하는 순간만을 설레는 마음으로 기다렸어요. 포장 후 남은 떡 자투리를 주워 먹는 게 저의 주 업무였거든요.

떡도 떡이지만 조부모님은 요리를 잘하셨습니다. 메주, 된장, 청국장, 고추장, 김치, 짜장면 등 못하는 음식이 없으셔서 매 순간 마지막 끼니처럼 먹었지요. 이 모든 순간이 어제 일처럼 생생하지만, 벌

써 10년이 넘는 세월이 물결처럼 흘러버렸고, 그 기억들은 저를 나아가게 해주는 파도로 남게 되었어요. 20대가 된 저는 그 거대했던 파도를 다시 한번 불러일으키고 싶어 할머니이자 멋진 여성인 홍순씨의 요리학교에 입학하기로 결심했습니다.

°°°°

저희 요리학교는 책도 강의실도 없습니다. 잘 갖춰진 조리법 대신 재료를 사랑하는 법, 햇살의 소중함을 느끼며 걷는 법, 힘든 순간을 오히려 웃으며 맞이하는 법. 온갖 삶의 비법들을 바라보고 맛볼 수 있는 곳입니다. 할머니와의 대화 속에 스며든 세월의 깊이는 요리학원에서 딴 자격증 몇 개와는 비교할 수가 없었습니다. 이 젊은 나날을 치열한 경쟁 속에 휩쓸리기보다 저만의 길을 걷고 싶었고, 무엇보다 할머니 밥이 너무 맛있었거든요. 제가 할머니의 삶을 선택한 이유이기도 하지요.

정확한 조리법이 아닌 어림짐작, 오로지 '감'으로 만들어진 기록들이라 허술해 보일 수도 있겠지만, 수십 겹의 세월이 쌓이고 또 겹쳐지던 할머니의 요리들을 제가 기억하고 이어가야 할 이유는 충분하다고 생각합니다. 계속해서 보고, 듣고, 따라 하고, 느끼고, 만지고, 맛보면서 홍순 씨로부터 예하라는 사람으로 이어지는 요리를 하고 싶어요.

걱정보다는 설렘을, 비교보다는 스스로를 한번 더 바라보는 곳. 세상 하나뿐인 요리학교에서 앞으로 얼마나 많은 것들을 사랑하게 될까요? 봄, 여름, 가을, 겨울 그리고 할머니. 저희의 계절을 전합니다.

차례

들어가는 글 세상 하나뿐인 요리학교에 입학했습니다 6

1장

봄

여기 작은 숲속에서, 시금치 부침개 18
누군가에게는 삶을, 쑥털털이 24

천 원과 우엉잎 28 | 민들레야 민들레야 30 | 봄과 함께 온 당신 32

쑥 칼국수는 평범해 34
텃밭 피자, 비장의 토핑 40

꽃쌈 정식 44 | 첫사랑과 할머니 46 | 당신에게 매화를 48

축하해, 아카시아! 50
찬밥이 어때서? 누룽지 54

애호박 샌드위치 58 | 아카시아꽃 튀김 60 | 색들의 잔칫상, 화전 62

술빵 먹으면 취하나요? 64
우리의 뜨거울 여름 준비, 물김치 70

애호박 파도 덮밥 74 | 두릅 브루스케타 76 | 냉이를 사랑하는 법 78

2 장

여름

콩죽을 좋아하시데 82

그까이꺼 수미감자 86

여름 하면 토마토지 90 | 진짜 가지 파스타 92 | 도라지꽃이 피었습니다 94

옥수수가 막 터지드라 96

느려도 괜찮아, 깻잎 순 볶음 100

숲에 빠져든 가래떡과 버섯 친구들 104 | 여름이 피어난 자리에 106
물 대신 토마토 커리 108

여름의 약속, 콩물 110

꽈리고추는 어찌 먹어야 맛있어요? 114

노오란 위로의 김밥 118 | 감태 부추전 김밥 120 | 오이 후무스 김밥 122

이열치열 김치 콩나물국 124

감자전에 호박꽃을 펼치면 128

사랑으로 감싼 호박잎 132 | 호박꽃 주먹밥 136
호박꽃전과 유부 나물말이 138 | 호박꽃 갈레트 140

(여름 방학)

할머니의 보물들 : 주방 도구 편 147

할머니의 보물들 : 기본 요리 편 152

평범하지 않은 전부, 채수 153

그대에게 만능이고 싶어라, 만능 양념간장 156

너만 있다면, 고추간장 160

양철 지붕의 빗소리, 깨가 데구르르 164
떡을 위한 첫걸음마, 팥고물 168
이렇게나 고소한 콩이라면, 콩고물 172

3 장

가 을

여름과 가을 사이, 미역냉국 178
잡채가 바다를 품는다는 건, 미역줄기 잡채 182

칡꽃이 오면 좋겠다 186 | 구석구석에 숨긴 보름달 188
호박 타코와 무화과 브륄레, 노란 귀리밥 190

호박죽인지 그리움인지 192
끓어오르는 진심, 들깻국 196

낭만 들깨 칼국수 200 | 들깨의 꽃, 호박잎말이 202
노란 연근 피자 그리고 청귤즙 204

'무'로 말할 것 같으면 1 ◦ 무전 206
'무'로 말할 것 같으면 2 ◦ 무나물 210
'무'로 말할 것 같으면 3 ◦ 무떡 214

햇살에게 보답하던 날 220 | 버섯과 가지 초밥 222
배추 속에 내려앉은 가을 224

울 동네 인기쟁이, 배즙 226
키위 장아찌가 참 좋아 230

코끝이 새콤해지는 타르트 236 | 하나하나 빚는 정성의 율란 238
토란병에 그린 그림 240

4 장

겨울

채식 감자탕 246

파개장을 끓이면서 250

익숙함 속의 귀함, 채소찜 256 | 톳과 바다와 할머니 258

한 번만 더, 버섯 만두 260

복덩이 눈사람 262

너랑 동치미만 있으면 돼 268

타오르는 비트 김밥 274 | 오색의 메리 크리스마스 276 | 사과 꽃을 품어요 278

늙은 호박국 280

늙은 호박의 주름 속에서 286

세상을 가진 호박떡 290 | 우리의 떡케이크 292 | 납작한 가래떡의 아침 294

약이 되는 떡뽁기 296

세상을 주름잡던 만두에게, 냉이 만두 302

연근 감자전 308 | 목련 타코 310 | 두 세상이 만나던 날의 312

달래가 왔다네, 달래 부침개와 달래장 314

이번 역은 시금치입니다 320

(겨울방학)

시장에 가면 326

할머니와 나의 시간 333

나가는 글 떡을 빚는 마음으로 342

홍순 씨에게

가끔 할머니와 나의 시간을 거꾸로 돌려버리고 싶다는 상상을 해. 내가 할머니가 되어 세월의 비법을 전수해주고, 할머니는 젊은 아이가 되어 나의 요리를 배우는 거지. 색이 바랜 주방처럼 아픈 곳이 하나둘 늘어나는 할머니 대신 아프고 싶다는 말이야. 있잖아, 그동안 내가 보지 못했던 할머니를 종종 마주할 때마다 세상에 다시 태어난 것 같은 설렘을 느껴. 요리를 배우려고 온 건데, 삶에 대한 사랑이 더 커졌지. 완벽한 사람을 꿈꿨는데 온전한 사람으로 자리 잡고 싶어졌어. 오늘은 또 어떤 계절을 누리고, 또 어떤 이야기를 나누게 되려나!

추신. 근데 할머니, 요즘은 뭐가 맛있어?

일러두기

1. 이 책의 레시피는 할머니의 눈대중과 손대중을 바탕으로 그때그때 달라지는 요리 과정을 기록한 것입니다. 각자의 입맛과 취향에 맞게 재료와 양념을 조절해주세요.
2. 조리에 사용되는 모든 기름은 현미유를, 올리브오일은 엑스트라버진 올리브오일을, 설탕은 원당(비정제 설탕)을 사용했습니다.
3. 집간장은 집에서 담근 간장으로 조선간장이라고도 부릅니다. 국간장과 비슷한 염도를 가지고 있습니다.
4. 계량에 사용된 1숟가락은 약 7~10ml, 1국자는 약 60ml, 1컵은 약 190~200ml, 1그릇은 약 300ml, 1대접은 약 700ml입니다.

1 장

봄

봄기운 잔뜩 스며든,

향기 가득한 식탁

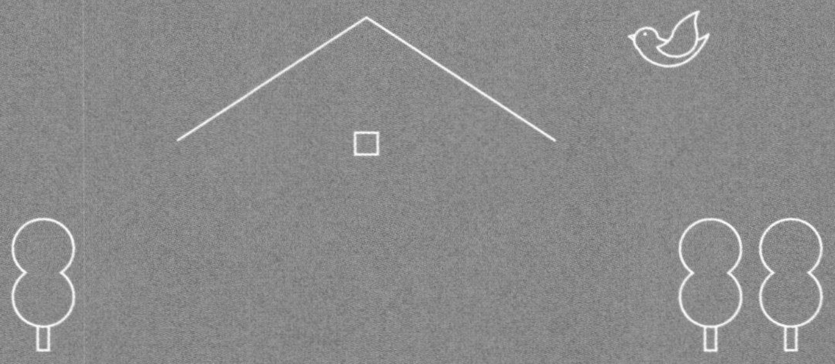

여기 작은 숲속에서

시금치 부침개

따뜻한 햇살 아래 커다란 고무 통, 그 안에 소복이 쌓인 시금치, 어릴 적 이야기를 노래해주시는 할머니. 오늘의 주인공은 시금치입니다. 시금치로 무쳐 먹는 나물이 아닌 부침개를 만들어볼 거예요. 시금치 다듬는 법, 계절을 느끼는 법부터 배워갈 예정이니 본인의 속도에 맞춰 따라오세요.
이곳엔 느린 사람도 빠른 사람도 없답니다.

재료

시금치

고구마

양파

부침가루

감자전분

1. 시금치는 뿌리 부분에 흙이 많아서 다듬는 과정이 중요해요. 시든 이파리를 정리해주면서 흙이 묻은 부분은 칼로 살살 긁어줍니다.

2. 뿌리 쪽에 십자로 칼집을 내면 씻을 때 흙을 더 꼼꼼히 뺄 수 있어요. 이것만 할 줄 알아도 평생 시금치는 맛있게 먹을 수 있다는 홍순 씨의 지혜.

3. 손질한 시금치를 물로 씻은 후 물기를 털고 채 썬 고구마, 양파와 섞어주어요.

4. 부침가루와 감자전분을 3대 1 비율로 섞어 3에 골고루 묻힙니다.

+ 예하의 도움말

재료에 가루를 먼저 묻히면 최소한의 반죽으로 얇은 부침개를 만들 수 있어요. 튀김 반죽을 대충 섞는 것과 비슷한 원리랍니다.

5. 차가운 물을 조금씩 추가하며 전체적으로 반죽이 묻을 정도의 묽기로 만들어줍니다.

6. 이게 뒤집어질까? 싶을 만큼 적은 양의 반죽으로 만들어지는 시금치 부침개. 예열된 팬에 기름을 두르고 지글지글 노릇하게 구워주면 끝.

겨울에 자라난 시금치는 얼지 않기 위해 단맛을 저장해서 그 맛과 영양이 풍부해요. 겨우내 얼어붙은 내 몸에게 선물처럼 챙겨줄 수 있는 재료지요. 달달한 고구마 하나 넣어보자는 홍순 씨의 빛나는 지혜 덕을 본 오늘. 추운 겨울바람을 이겨낸 시금치가 어찌나 달고 맛있던지. 사는 행복이 이런 거라며 홍순 씨와 얼마나 웃었는지 몰라요.

제 기억 속에 자리 잡고 있는 당신은, 전을 구울 때면 식구들 먼저 먹이느라 한두 입 먹고선 다시 부엌으로 들어가기 바빴어요. 처음으로 그런 당신을 붙잡고 말해요.
"우리 천천히 먹자. 음식 기다리는 사람도 없고, 우리 둘만 있고. 한 장씩 구워서 가장 맛있을 때 천천히, 따뜻하게 먹자."
당신은 가만히 전을 바라보다, 이내 나를 바라보더니 맑게도 웃어요.

부침개 토스트

응용 요리

재료

식빵 1장

딸기잼 혹은 키위잼

식물성 치즈 2장

상추

남은 부침개

(사진은 고구마,
자색당근, 쑥,
옥수수가 어우러진
부침개)

1. 노릇하게 구운 식빵을 준비합니다.
2. 딸기잼을 듬뿍 발라요.
3. 치즈 한 장을 올리고 토치질을 합니다.
4. 푸릇한 상추 한 줌과 치즈 한 장 추가.
5. 다시 토치질을 해준 후 남은 부침개를 올리면 완성.

잡다한 생각을 누르는 가장 쉬운 방법,

나를 위해 정성을 쏟으며

평소처럼 요리하기.

누군가에게는 삶을

쑥털털이

할머니의 할머니께서 자주 해주셨다는 쑥털털이. 보릿고개에 식량은 바닥나고, 온 천지가 쑥밭일 때 식구 많은 집에선 쑥털털이가 잠시나마 배고픔을 잊게 해주었다고 해요. 털털 털어서 먹는 모양에 비유해서 나온 이름이라고 합니다. 쑥버무리라 부르기도 하고, 쌀가루 대신 밀가루를 사용해 만들기도 하지요.

누군가에게는 삶을 선물해줬던 쑥털털이를 꼭 먹어보고 싶었어요. 화려하고 다양해진 떡들 사이에서 요즘엔 보기 힘든 친구거든요. 그 소박한 삶의 이야기를 끄적여봅니다.

재료

여린 봄 쑥

쑥가루

습식 멥쌀가루

삶은 백태

설탕

소금

1. 쌀가루(약 6컵)의 뭉친 부분을 비비듯 풀어준 후 물 반죽을 해줍니다. 손으로 가루를 꼭 쥐어 통통 던졌을 때 부서지지 않는 정도로요.

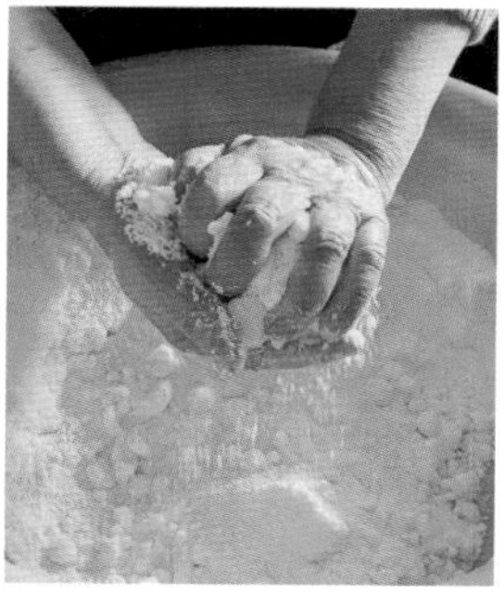

+홍순 씨의 지혜

멥쌀은 물 반죽을 해줘야 떡이 보드라와. 물을 한꺼번에 붓지 말고, 반 컵 정도 떠놓고서 조금씩 비비듯 섞으며 추가해요.

2. 할머니의 오래된 친구 얼기미

('어레미'의 방언, 구멍이 굵은 체)에

쌀가루를 한번 쳐준 후 한 움큼

정도의 쑥가루도 체에 쳐서

쌀가루와 섞어주세요.

+예하의 도움말

쑥가루는 선택! 올해 봄 가뭄이 심해서 노지 쑥이 잘 안 자라는 바람에 하우스 쑥을 섞었더니, 향이 약하다고 추가하셨어요.

3. 부드럽게 삶은 백태(메주콩)와 쑥에

설탕을 한 주먹 정도 살살 섞은 다음,

쌀가루가 골고루 묻도록 전체적으로

버무려줍니다.

+홍순 씨의 지혜

콩 대신 밤과 단호박에 설탕 버무려 넣어도 참말로 좋아.

4. 강불에 김이 폭폭 나게 10분간

쪄주면 완성입니다.

쑥털털이를 바라보며 그 시절 사람들의 안부를 물어요.

“밥은 먹었어요? 우리는 든든하게 챙겨 먹었어요. 그러니 여기 걱정하덜 말고 그곳에서 부족함 한 톨 없이 밥도, 쑥도 마음껏 먹으며 살아요. 배도 마음도 곯지 말고, 동생들 밥 챙기랴 나물 뜯으랴 허리 아파하지 말고요.”

매년 쑥이 자라나는 계절이 다가올 때마다 살아갈 이유가 되어주는 순간들을 마주합니다.

천 원과 우엉잎

꾸깃 반듯한 지폐 그리고 할머니.
멋진 손을 마주 잡고서 시장에 다녀왔다. 살 땐 천 원, 이천 원이라 싸다며 하나둘 집어왔는데 집에 와 펼쳐보니 양이 상당하다. 그 모습을 보고 있자니 어느 날 할머니가 해주신 말이 스쳐 지나갔다.

"예하야, 천 원짜리의 가치를 아는 사람이 되어야 해. 천 원보다 백 원이 더 중요하고. 백만 원에서 백 원이 없으면 그건 백만 원이 아닌 거거든. 큰 보따리도 작은 구멍 하나로 무너지고는 하니까. 그러니 작은 일, 작은 돈에 무뎌지지 말고 신중하게."

삶과 사람이 엿보이던 우엉잎, 그리고 천 원.

∘°∘°

케일 쌈은 먹어봤지만 우엉 쌈밥이라니. 시장 한쪽에서 발견한 우엉잎을 한눈에 알아본 할머니가 "저거 참 쫀득하니 맛있어"라고 한마디 던지신다. 그 말에 반해 나만의 색을 입혀 그릇에 담았다.
안에는 쫀득 고소한 흑미찰밥을 쏙.
엄나무 순(개두릅)은 데쳐서 만능 양념고추장을 더해 향긋함을 즐긴다. 오이고추는 뒷집 할머니 마당 출신.

민들레야 민들레야

"민들레는 대견한 애야. 꽃이 두 번 피잖아.
한 번은 노랗게, 한 번은 하얗게. 그리고 자유롭게 나아가지.
참 신기하고 대견해. 그나저나 아스팔트에 떨어지면 안 될 텐데."

홍순 씨는 이 작은 민들레 씨들이 차가운 아스팔트 위로 떨어질까 봐 걱정하는 유일한 할머니일 거야. 아름다운 삶의 단어들이 몽글몽글 피어나던 날, 할머니가 민들레를 바라보던 시선. 그리고 기억 속에서 끄집어낸 당신의 할아버지가 사랑하셨던 민들레 무침.

◦○◦○

팥과 고구마, 옥수수가 씹히는 밥이다. 톡톡 터지는 식감이 재미지다. 논두렁에서 캐온 민들레는 살짝 데쳐 만능 양념간장에 버무렸는데, 그 쌉싸름함아 입가에 맴돈다. 쑥이 살며시 올라간 청국장과, 오이와 봄동의 겉절이. 어찌 이런 맛이 나나 싶을 정도로 달큼한 양배추 찜과 금귤의 아름답고도 자유로운 만남.

✿ 민들레 탐구 생활

흔히 볼 수 있는 노란 민들레는 서양 민들레로 '행복'이라는 꽃말을, 토종 민들레인 하얀 민들레는 '내 사랑을 당신에게 드려요'라는 사랑스러운 꽃말을 가지고 있어요. 꽃이 피기 전에는 포공영이라는 약재로 쓰이며 위를 튼튼하게 해주고 소화제, 해열제로도 쓰임이 있다는 사실.

봄과 함께 온 당신

새벽부터 바지런히 끓여둔 버섯 미역국으로 아침을 깨워드리고, 과정은 허술했지만 맛은 허술하지 않은 숲속에서 걸어 나온 떡케이크와 함께 시작된 하루.

○○○○

나무처럼 깊고 푸르렀던 할머니의 삶을 쑥가루로 표현하고,
산뜻한 사랑의 색을 백년초가루로 물들여 떡케이크를 만들었다.
식용꽃 팬지를 몇 송이 올리고 보니, 봄과 함께 온 당신이 보인다.

사랑하는 당신의 생일을 축하하며

덕분에 어제보다 오늘 더, 그리고 순간마다 더 열심히 살고 싶어져요.
봄이 따스해지는 계절인 건, 당신이 태어난 계절이라
그럴지도 모르겠다는 생각을 했어요.
봄에 태어난 사람들은 유독 따듯하대요. 그래서 그런지
홍순 씨는 걷는 걸음마다 새싹이 돋아나는 것 같아요.
꿈꾸는 사람으로 키워주셔서 감사해요.
하늘만큼 땅만큼이라는 표현이 터무니없다고 생각하던
사람이었는데 그 말이 어울리는 사람을 만날 줄은 몰랐어요.
이 세상에 걸음해줘서, 내 가족으로 머물러줘서 고마워. 사랑해!

쑥 칼국수는 평범해

홍순 씨와 함께 따스하고 평화로운 순간들을 살고 있지만 매일이 아름답지만은 않아요.
짐 옮길 때 부르라고 부탁을 해놓아도 손녀딸 힘들세라 혼자 옮겨 놓고 허리 아파하는 할머니 모습에 속상함이 올라와 짜증을 내기도 하고요. 사랑해서 그런 거라며 부지런히 잔소리를 늘어놓기도, 채식인(비건)인 저를 이해하시면서도 익숙해진 맛과 가치관의 차이로 부딪히기도 해요.
오늘은 조금 덜 아름답고, 그래서 조금 더 익숙한 평범한 사랑이 담겨 있는 칼국수 이야기입니다.

재료

찰밀가루

쑥가루

참기름

소금

채수

애호박

들기름

청국장 가루

1. 찰밀가루 2컵에
쑥가루 2숟가락을 넣어요.

2. 미지근한 물을 조금씩 추가하며 반죽해줍니다.

3. 참기름 1숟가락과 소금 약간을 넣어 열심히 치대주다 보면 매끈해진 반죽을 만날 수 있어요. 질어지면 밀가루를 추가해주세요.

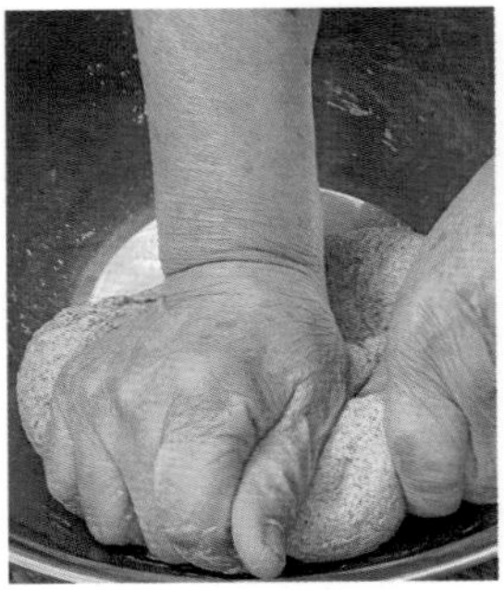

4. 덧가루를 묻혀가며 넓게 밀어줍니다.

5. 얄찍하게 민 반죽에 덧가루를 골고루 바르고 돌돌 말아준 다음, 대충대충 그러나 마음을 담아 썰어요.

+홍순 씨의 지혜
마음을 담아 무얼 쓰나. 그러지 말아. 전부 다 담기니까!

6. 할머니가 반죽을 만드는 동안 저는 '기본 채수'를 끓여주고 있었어요. 채수 만드는 법은 '여름방학' 153쪽을 참고해주세요.

+예하의 도움말

채수에 넣었던 다시마를 꺼내어 쫑쫑 썬 후 초장에 찍어 먹거나 비빔밥 고명, 나물처럼 무쳐 먹어도 맛있답니다. 채수를 남김없이 사용할 수 있는 방법이에요.

7. 꼼꼼한 칼질로 썬 애호박을 소금에 살짝 절여두었다가 들기름에 볶은 후 청국장 가루를 더해 고명도 만들어두었고요.

8. 흡사 우동면을 닮은 할머니의 투박한 칼국수면을 채수에 넣어 끓인 후 고명을 올려주면 완성.

얼렁뚱땅 만들어진 할머니의 울퉁불퉁 쑥 칼국수.

평범해서 좋아요. 완벽하지 않아서 좋아요.

인터넷 검색 없이도 충분히 멋지게, 자유로이 요리하는 홍순 씨처럼, 나의 삶을 요리하는 사람이 되어야지. 아름답지 않은 시간도 안아주어야지. 근본 없는 사랑의 단어들을 전해야지. 조금 덜 아름답다고 사랑하지 않는 건 아니니까.

부추 칼국수면

응용 요리

재료

우리밀 밀가루 2컵

부추물 1/2컵
(부추 반 줌+물 1컵 갈은 것)

참기름 2/3숟가락

소금 1/4숟가락

1. 모든 재료를 그릇에 넣어 숟가락으로 섞어줍니다.

2. 뭉쳐지기 시작하면 손으로 반죽해요. 숙성하고 나면 부드러워지니 되직하게.

3. 날가루가 보이지 않게 뭉쳐졌다면 그릇으로 덮거나 비닐에 넣어 실온에서 1시간 이상 숙성합니다.

4. 나머지 과정은 그대로.

텃밭 피자, 비장의 토핑

사둔 토마토가 없어서 토마토소스는 못 만들고,
이왕이면 최대한 집에 있는 먹거리들을 활용하고 싶어서
홍순 씨에게 주문 제작을 부탁드렸어요.
"할머니, 피자를 만들 건데 버섯을 구워서 올리려고 해.
무슨 양념이 좋을까?"
"고추장불고기 양념으로 해보자."
후다닥 냉장고를 여는, 말보다 행동이 먼저인 멋진 홍순 씨.

재료

각종 채소
고추장
다진 마늘
매실 액기스
배즙
양조간장
들기름
피자 도우
식물성 치즈
부추
미나리
봄동꽃
나초칩

1. 대파, 양파, 유부, 팽이버섯,
표고버섯 등 냉장고 속 재료
무엇이든 와르르 꺼내어
손질해주세요.

2. 이건 만능 양념고추장!
직접 담근 고추장에 다진 마늘
1숟가락과 매실 액기스 2숟가락을
넣어서 만들었어요.

3. 2에 냉동실에 잠들어 있던 배즙 약 2~3순가락과 양조간장 2숟가락을 추가하면 토핑에 쓰일 양념장이 완성됩니다.

4. 들기름에 갖은 재료들을 볶아주다가 만들어둔 만능 양념고추장을 2~3숟가락 정도 추가해서 볶으면 비장의 토핑 완성.

+예하의 도움말

저는 피자에 올려서 토핑으로 써먹었지만 밥과 쌈채소랑 싸 먹어도, 조금 더 양념을 추가해서 볶은 다음 덮밥으로 먹어도 좋아요.

5. 우리밀을 섞어 만든 폭신폭신한 도우에 치즈를 뿌려 구워줍니다. 대신 토르티야나 포카치아, 식빵을 사용해도 좋아요.

6. 잘 구워진 도우 위에 비장의 토핑을 얹고 토치로 불맛을 입혀주세요. 부추와 미나리를 올리고 봄동꽃과 바삭한 나초칩도 톡.

“우리 심심하면 피자집이나 차릴까?”

피자 한입 먹고 할머니가 씨익 웃으시네요.

대충이라고는 하지만 온 신경을 세워 요리하는 저에게

할머니는 늘 힘을 빼라고 하십니다.

“몸에 힘을 빼고, 시장 들락날락거리면서 먹고 싶은

요리를 하면 되는 거야.”

몸과 마음에 힘을 빼니, 자연스레 그려진 피자 위의 계절을

전합니다.

꽃쌈 정식

"그 양반이 돌아가셨어?"
무덤덤한 할머니의 전화 속 이야기를 엿듣다가 유한한 삶에 대해 생각해요.
"할머니, 나는 아직 누군가의 탄생을 기뻐할 일이 많은데, 시간이 흐를수록 주변의 죽음을 많이 마주치잖아. 어떤 기분인지 물어봐도 될까?"
"많이 슬퍼. 처음엔 비참하더라고. 엊그제까지만 해도 웃으면서 밥 먹던 사람들을 하나둘 떠나보낸다는 게, 참 마음이 아프고 비참한 일이야. 그런데 어째. 계속 살아나가려면 그저 내가 바보다, 하고 바보같이 털어내고 살아야 해. 그래야 지금을 살아. 근데 예하는 웃을 일이 더 많았으면 좋겠네."

ｏｏｏｏ

할아버지가 심어두었던 가시오갈피 나무의 여린 잎들을 따왔다. 구석구석 남겨진 할아버지의 흔적 속에서 봄의 향기가 진하게 풍겨온다. 김과 봄동꽃을 함께 싸 먹은 단순하지만 우리만의 이야기가 담긴 꽃쌈 정식.

첫사랑과 할머니

첫사랑과 할머니는 동의어다.
태어나자마자 내 얼굴을 바라보며 "내가 바라던 얼굴형이야!"라는 대사를 남발했다는 우리 홍순 씨. "예뻐라", "건강하다"도 아니고 바라던 얼굴형이라니. 홍순 씨다운 대사라 그런지 아무리 생각해도 웃음이 나온다.
맑게도 웃던 할머니의 그 미소를 떠올리며 만든 맑은 연못과 닮은 동치미 메밀 냉면.

°°°°

면을 별로 좋아하지 않다 보니 잘 해 먹지 않아 자연스레 자신 없는 요리 중 하나인데 우리 홍순 씨가 면을 좋아하신다. 가만히 있을 수가 있나. 생명력이 꿈틀거리던 봄날, 겨울에 담가 두었던 동치미 국물에 메밀면, 구운 팽이, 오이, 엄나무 순을 넣어 연못 하나를 선물해드렸다. 분명 저만큼 맑으셨을 테니까. 할머니의 미소가 연못을 비춘다.

당신에게 매화를

3월 8일은 세계 여성의 날입니다. 모든 여성이 차별과 폭력으로부터 벗어나 자유롭게, 평등하게 함께 살아보자는 의미를 전하는 날이지요.
홍순 씨는 살면서 단 한 번도 들어본 적 없다는 이 여성의 날을 우리의 모든 할머니들에게 전합니다. 누구보다도 강하고, 찬란한, 아름답다는 말이 눈부시게 어울리는 멋진 여성들에게 전합니다. 대신 한국식으로, 빵 대신 떡으로요!

ㅇㅇㅇㅇ

홍순 씨와 앞집 할머니, 마주치면 꼭 웃어주던 할머니.
빨간 지붕 할머니, 골목길 의자 할머니를 위해 장미를 샀다.
그들을 위해 떡을 쪘다. 실수로 동그라미가 흐트러졌지만,
어설픈 틈새로 자라나는 들꽃이 오히려 멋져 보여서 웃어넘긴다.
중간에는 홍순 씨 표 딸기 오디잼이 쏙. 멋진 여성들과 둘러앉아
아름답다는 말만 연거푸 뱉어낸 멋진 날, 꽃동산 속에서.

축하해,
아카시아!

"그땐 책 한 권을 떼면 축하와 감사의 의미로 떡을 해서 가져다줬는데 우리 오빠가 책을 뗀 날, 아카시 떡을 쪘어. 어찌나 향긋하던지. 아직도 그 냄새가 기억이 나. 우리 예하가 태어난 계절에도 아카시꽃이 피었으니 이 향을 오래오래 기억하게 맛있는 떡 해줄게. 생일 축하해!"

제가 세상에 태어나기도 전, 어린 날의 홍순 씨와 지금의 예하라는 사람을 이어주는 아카시아 시루떡, 제 생일날의 장면입니다.

재료

아카시아꽃
습식 멥쌀가루
콩고물
강낭콩
설탕
소금
뉴슈가

1. 뉴슈가와 소금을 살짝 넣은 물에 강낭콩을 푹 삶다가 콩이 부드럽게 익을 때쯤 설탕을 넣어 마무리해요.

+예하의 도움말
삶아놨다가 남은 콩은 냉동 보관 후 필요할 때마다 꺼내 쓰면 된답니다.

2. 콩고물을 준비합니다. 만드는 법은 '여름방학' 172쪽을 참고해주세요.

3. 물 반죽을 해준 멥쌀가루 (약 6~7컵)에 아카시아꽃과 설탕, 삶은 강낭콩을 넣어 버무려주어요.

4. 찜기에 콩고물을 깔고 그 위에 3을 살포시 올려요.

+홍순 씨의 지혜

이때 쌀가루를 누르면 떡이 질어져. 복숭아 다루듯 살살~

5. 다시 콩고물을 빈틈없이 올린 후

6. 중강불에 20~25분 정도 찐 후 마무리에 아카시아꽃을 올려 1분 정도만 뜸 들이면, 우리의 손길이 더해진 예술이 손짓하기 시작해요.

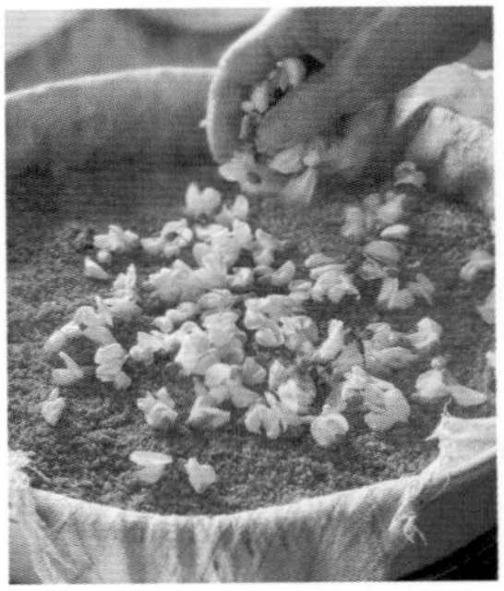

내가 태어난 계절에 만개한 아카시아꽃을 요리에 담아주고
싶었다는 홍순 씨의 마음이 와르르 쏟아진 아카시아 시루떡.

"할머니, 내가 요리 배우는 거 가끔은 귀찮지 않아?"
"그걸 질문이라고. 오히려 든든하고 좋던데! 혼자 밥 안 먹어도
되고. 그래서 우리 또 뭐 만들어볼까?"

찬밥이 어때서?

누룽지

똑똑똑.

예 선생님 방에 계신지요~

어제 지나가듯 뱉은 "아 누룽지 먹고 싶다"를 기억하고 계셨던 할머니가 아침부터 바지런히 구운 누룽지를 들고 방으로 찾아오셨어요. 피자처럼 멋지게 펼쳐서는 제 앞에 자리를 잡고 이건 사진 안 찍냐고 장난스레 웃음을 흘려요.

흘린 웃음 속에서 제가 발견한 건 나보다도 나에게 진심인 할머니였어요. 내가 세상에 발을 내디뎠던 날부터 나의 모든 순간에 진심이었던 당신. 그 진심을 느끼기에 티끌 하나 없이 웃어 보이고, 찬밥의 멋도 알아갈 수 있는 거라고 생각해요.

두 눈의 힘을 풀고 가볍게! 이번 수업의 핵심은 대충입니다.

재료

남은 밥

1. 밥솥에 남아 있던 찬밥을 물 묻힌 손으로 프라이팬에 골고루 펼쳐주세요.

2. 적당한 두께로 펴주세요.
더 얇게 펴도 좋습니다.

3. 이제 팬을 중불에 올려 2~3분 정도 전체를 달궈요.

4. 달궈졌으면 불을 약중불 정도로 줄인 후 팬을 돌려가며 골고루 구워주어요. 할머니 옆에 찰싹 붙어 바삭해진 끝부분을 조금씩 주워 먹다 보면, 어느새 바삭 고소한 누룽지 완성.

파는 누룽지와 비교할 수 없을 정도로 고소한 맛과 향이
집 안 가득 퍼지던 할머니의 마음이 담긴 누룽지.
백 원 하나, 쌀 한 톨, 지나가던 한마디도 귀하게 여기는
할머니를 보며 생각해요.
'세상에 혼자인 것 같은 순간이 오면 찬밥을 가득 안고서
누룽지를 구워야겠다.'

누룽지 피자

응용 요리

재료

누룽지

매콤한 토마토소스

새싹 채소

남은 나물

고추부각

양파 플레이크

텃밭 꽃
(방풍꽃, 박하꽃 등)

1. 살짝 두툼한 누룽지를 준비합니다.

2. 누룽지 위에 원하는 소스를 바르고

3. 남아 있던 나물과 바삭함을 위한 부각, 양파 플레이크를 올려주세요.

4. 텃밭에서 데려온 꽃과 채소를 쏟습니다.

애호박 샌드위치

"나도 우리 할머니가 그렇게 보고 싶어. 피곤해서 드러누워 있으면 생전 안 깨우고 '홍순이 힘들었구나 좀 더 자'라믄서 이불을 덮어주셨는데, 그게 그리도 생각나드라고.
다시 만나면 할머니가 좋아하는 거 다 해주고 싶어.
호박죽, 칼국수… 뭐 그런 거."

당연한 듯 잊고 있었던 할머니의 어린 날들과,
상상해보지 못했던 시간들.

°°°°

통밀 식빵 위에 디종 머스터드와 콩 마요네즈를 슥.
그 위로는 상추, 볶은 애호박, 치즈, 프링글스, 담백하게 무친 두부 무침을 차곡차곡 쌓았다. 어여쁜 손에 마음이,
여린 시간들이 머문다.

아카시아꽃 튀김

"홍순 씨는 나의 채식을 어떻게 생각해?"

"으음… 예하가 힘들까 봐 걱정이지 뭐. 솔직하게는 예전처럼
골고루 먹었으면 좋겠지만 한편으론 용하다는 생각도 들어.
네가 좋아서, 뚜렷한 소신이 생겨서 시작한 채식인 거고
무엇보다 본인 좋을 대로 살아야 하니까.
내가 대단한 응원이 되어줄 수는 없지만, 그래, 요리!
요리가 예하의 응원이 된다면 얼마든지 보태줄게.
나는 못 그랬지만 너는 세월의 흐름 따라 하고 싶은 대로 살어."

언제까지고 나의 응원이 되고 싶다는 사람.

°°°°

따뜻한 남부의 힘. 4월의 끝자락, 아카시아꽃이 피어나기 시작했다.
사진 왼쪽부터 엄나무 순, 먹을 만큼만 따온 아카시아, 고구마,
가죽나물. 이 계절을 통째로 튀겨버린 오늘 하루. 예쁘게 튀겨진
꽃들을 바라보며 더 예쁘게 웃던 당신의 미소가 생생하다.

✿ 아카시아 케일 샐러드

1. 식초 물에 가볍게 세척한 아카시아와 케일을 준비한다.

2. 줄기 부분에서 꽃을 뜯고, 케일은 돌돌 말아 채 썬다.

3. 면포로 물기를 제거한다.

4. 올리브오일로 겉에 막을 씌우듯 버무려주고서

5. 화이트와인 식초, 약간의 소금으로 간을 맞춘다.

색들의 잔칫상, 화전

진달래가 지나간 자리에 래디시와 완두콩으로 우리들만의
꽃을 피우고, 도란도란 둘러앉아 온 세상의 색들과
작은 잔치를 벌였다.
당신과 나의 꽃이 계절에 맞춰 피어나나 보다.
아주 환하게.

ㅇㅇㅇㅇ

동글동글 새알 옹심이를 만들고서 남은 반죽으로 화전을 빚었다.
얇게 저민 래디시가 꽃잎을,
중간에 자리 잡은 완두콩이 잔칫상을 주름잡는다.
가운데는 홍순 씨와 끓여낸 소중한 조청.

술빵 먹으면 취하나요?

추적추적 흩날리는 봄비 소리에 귀를 기울이며 당신과 나란히 앉아 부침개를 먹어요.

"할머니, 이런 날 막걸리를 먹어야 하는데. 후다닥 댕겨 와봐?"

"막걸리 좋지~ 근데 막걸리 하니까 폭신하니 그 뭐여…

아! 우리 술빵이나 해볼까?"

그렇게 시작된 술빵 수업.

질문 : 술빵 먹으면 취하나요?

답변 : 익히면서 대부분의 알코올이 날아가기에 취하지 않습니다. 단, 술을 지나치게 많이 넣거나 찔 때 알코올을 제대로 날리지 않으면 취할 수도….

재료

생막걸리

두유

삶은 강낭콩

밀가루

소금

설탕

이스트

옥수수 가루

단호박 가루

1. 술빵에 넣을 속 재료, 삶은 강낭콩을 준비해주세요. 강낭콩 삶는 법은 〈축하해, 아카시아!〉 50쪽을 참고해주세요.

2. 생막걸리 한 통(750ml)에 두유 한 팩(200ml)과 소금, 설탕을 넣어 녹여줍니다. 꼭 효모가 살아 있는 생막걸리를 사용해야 한답니다.

+홍순 씨의 지혜

소금은 1숟가락 조금 안 되게 넣고, 설탕은 간을 보면서 추가혀.

단 게 좋은 사람이 있고 아닌 사람이 있으니께.

3. 밀가루를 수북이 2그릇 준비하고
2를 부어주세요.

4. 이스트 1/2숟가락을 넣어주고,
반죽의 되기를 보며 물과 막걸리를
계속해서 추가해줍니다.

+예하의 도움말
머핀 반죽 정도의 되기인데요, 주걱으로
반죽을 떠 올렸을 때 묵직하지만
끝은 가볍게 흐르면 된답니다.

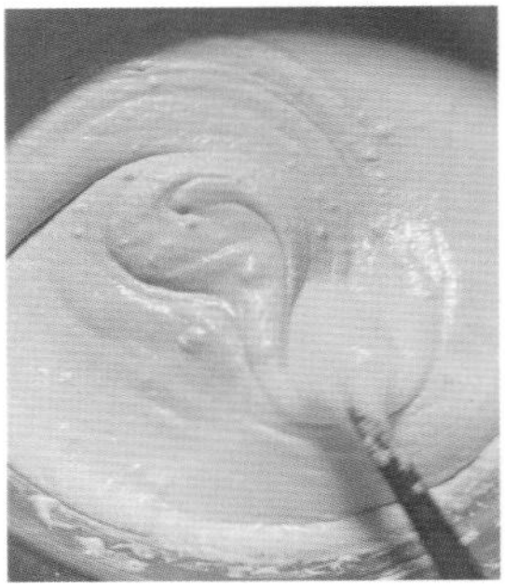

5. 고소한 맛을 위한 옥수수 가루와
고운 색감을 위한 단호박 가루를
뭉친 부분이 없도록 체 치며
추가해주어요.

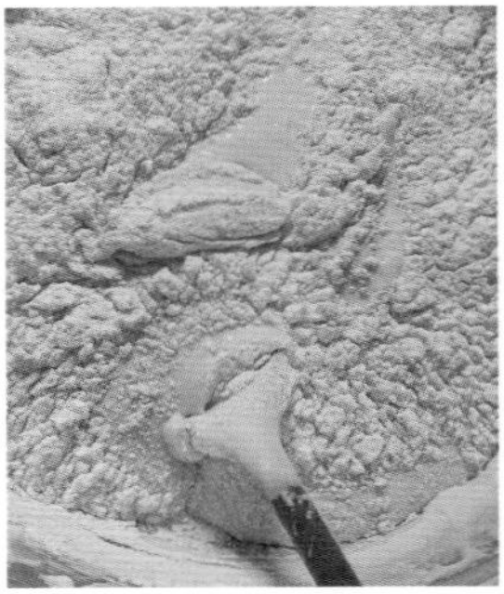

6. 랩을 씌워 따뜻한 전기장판에 약 6시간 정도 재워버립니다. 다음 날 아침, 반죽 전체에 구멍이 송송 나 있다면 잘 발효된 거랍니다.

7. 찜기에 물을 올려두고 물이 끓기 시작하면 준비해둔 삶은 강낭콩을 고루 깔아줍니다. 그 위에 반죽을 긁어서 부어주고 다시 강낭콩을 쫘르르.

+홍순 씨의 지혜

저번에 아카시 떡 하고 남은 강낭콩, 그거 쓰면 되는 겨~

8. 중강불에 30~35분가량 푹 쪄줍니다. 젓가락으로 찔렀을 때 반죽이 묻어 나오지 않으면 완성!

그 어느 유명 빵집 부럽지 않은 폭신폭신한 구름을 닮은 한국의

카스텔라, 술빵. 퍼지는 막걸리 냄새에 취하는구나… 가 아니라,

오랜만에 만나는 술빵은 참으로 따스하고 푸근해요. 한입 맛을

보니 화려한 모습에 빠져 잊고 있었던 맛들이 지나갑니다.

먹다 보니 느껴지는 찐득함, 살짝 설익은 부분을 발견해

할머니에게 조심스레 물어봐요.

"할머니 여기 덜 익은 거 같아. 다시 찌면 익겠지?"

"그까이꺼 안 익고는 못 배겨~ 걱정하지 마. 다시 찌면 돼."

듬직한 할머니의 한마디에 설익은 저의 마음도 다시금 익기

시작합니다.

정해진 시간도, 정확한 계량도 없지만 나만 믿고 따라오라는

할머니의 한마디, 마지막 한 조각까지 남아 있는 술빵의

소박함에 고개를 끄덕여 보아요. 힘차게.

우리밀 술빵

응용 요리

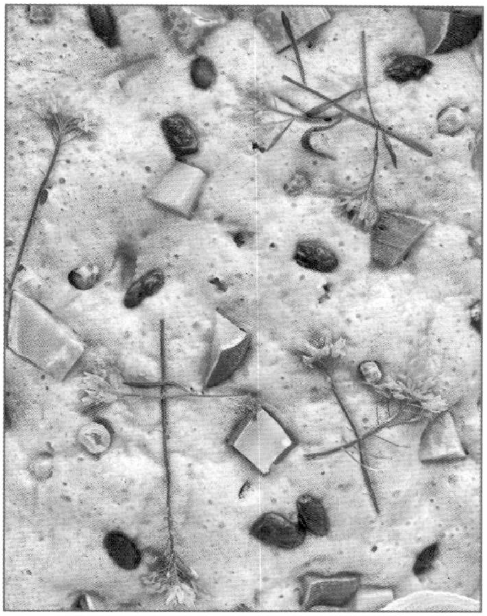

- 모든 재료는 실온에 미리 꺼내둘 것.
- 머핀 반죽 정도로 묽으면서도 걸쭉함이 있는 정도로 반죽. 발효하고 나면 묽어진다는 걸 감안해야 함.
- 물이 팔팔 끓는 상태의 찜기에 올려서 찔 것.
- 입자가 작은 백밀가루를 사용할 시 액체류를 줄여가며 조절할 것.

재료

우리밀 통밀가루 3컵

생막걸리 1컵

물 1/2컵

소금 1/2숟가락

설탕 2/3컵

이스트 1/2숟가락

원하는 재료
(완두콩, 강낭콩, 밤, 고구마 등)

1. 막걸리와 물에 이스트를 넣고 녹여줍니다.

2. 밀가루를 체 친 후 소금, 설탕을 섞고 **1**을 부어요.

3. 골고루 섞어주고서 랩을 씌워 젓가락으로 구멍을 송송.

4. 따뜻한 곳에서 이불을 덮어 하룻밤(약 6시간) 발효.

5. 찜기에 원하는 재료를 골고루 깔고 발효가 잘된 반죽을 주르륵.

6. 그 위에 또 재료를 듬성듬성 올려준 후 20~25분 정도 쪄주면 끝.

우리의 뜨거울 여름 준비

물김치

여름을 위한 준비에 들어갑니다. 시원하고도 맵싹하고 차가운 맛을 가진 물김치와 함께요. 김치는 왠지 시도하기 어렵게 느껴지는 음식 중 하나인데요. 특히 양념을 어떻게 만들어야 할지, 내가 하면 그 맛이 날지 걱정되기도 하지요.
"할머니, 간을 잘 맞추려면 어떻게 해야 해? 내가 하면 망할까 봐 무서워."
"망하는 게 어딨어. 계속 고쳐나가면 되는 거야. 어렵게 생각 말어!"

재료

열무
얼갈이배추
당근
무
사과
양파
마늘
천일염
밀가루 풀
고춧가루
배즙
매실 액기스
소주
집간장

1. 새벽시장에서 사 온 얼갈이배추 한 단과 열무 두 단을 손질해줍니다.

+예하의 도움말
물김치는 봄에 담가놔야 한다고 해요. 여름엔 농약을 너무 많이 쳐서 맛이 쓰다고 합니다.

2. 씻어둔 얼갈이배추와 열무에 천일염을 켜켜이 뿌려서 숨이 죽을 정도로 절여지면 가볍게 헹궈서 물기를 빼놓아요. 너무 많이 헹구면 싱거워진답니다.

3. 밀가루 풀 만드는 과정! 물 5컵 기준 밀가루 소복이 3숟가락을 넣어 잘 풀어준 뒤, 바닥에 눌어붙지 않도록 저어가며 한번 끓어오르면 불을 끕니다.

4. 당근과 무는 나박나박 썰어서 곁들일 정도로만 준비해요.

5. 사과 1개+밀가루 풀 3국자를 곱게 갈고, 양파 1개+밀가루 풀 3국자, 고춧가루 크게 4숟가락+마늘 한 주먹+밀가루 풀 3국자도 곱게 갈아서 한데 부어줍니다.

6. 냉동실에 있던 배즙도 추가해서 녹여주고, 매실 액기스와 할머니의 집간장도 간을 보아가며 넣어줍니다. 오래 보관하기 위한 소주도 1국자 정도 졸졸 추가해주세요.

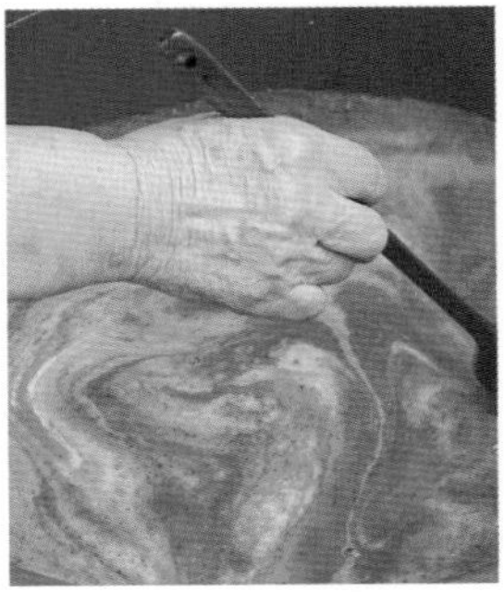

7. 매콤함을 위한 청양고추와 친구가 나눠주었다는 쪽파도 추가해줬어요. 버물버물 손맛까지 한 움큼 더해주면, 여름 준비 완료!

+예하의 도움말

이 상태로 날씨를 봐가며 상온에서 하루 정도 삭힌 후 간을 보고서, 부족한 간은 천일염으로 맞춰주면 된답니다. 간이 적당하다면 그대로 김치냉장고에 넣어두고 먹을 만큼만 덜어 취향 따라 익혀 먹으면 돼요.

그냥 반찬으로, 비빔밥에 추가해도, 면에 올려 먹어도 맛있는 만능 친구 물김치. 서늘하고 따뜻했던 우리의 봄을 천천히 보내주며 물김치, 그리고 할머니와 함께 뜨거울 여름을 기다려보아요.

“맛있다고 생각하면 맛있고, 싱겁다고 생각하면 싱겁기 마련이야. 그러니 오늘 하루도 잘 살았다, 행복했다, 생각하면 진짜로 그렇게 돼.”

애호박 파도 덮밥

"할머니의 낭만은 뭐야?"

"낭만? 그게 뭐여?"

"음… 꿈꿔왔던 나만의 숲속 식당을 여는 것처럼,
현실에 매이지 않는 꿈을 낭만이라고 해."

"아~ 그럼 손녀딸 밥 얻어먹는 지금이네."

"에이, 또 뭐 생각나는 거 없어?"

"네가 아프지 않고, 좋은 사람 만나 평생 행복하게 사는 거.
네가 내 낭만이지 뭐."

꿈이라는 단어만 나오면 자꾸 나를 찾는 사람.
낭만이라는 단어 끝에 내 이름을 붙이는 사람.

°°°°

재료를 색다르게 바라보는 방법 중 하나, 다른 모양으로 썰어보기.
동글동글 매끈한 애호박을 참기름과 묵은 집간장,
매실 액기스, 약간의 블랙솔트에 볶아 숲속의 파도처럼 만들었다.
애호박 속의 낭만이 요동치던 날.

두릅 브루스케타

"봄나물은 보물이야!"

봄에 자라는 풀들은 서늘한 새벽 공기를 뚫고, 따스한 볕을 먹는다. 아직 벌레들이 잠에서 깨어나기 전이라 약도 뿌리지 않는다고. 보물도 이런 보물이 없다고 할머니는 기쁘게 말하고는 하셨다. 쌉싸름하고, 달콤하고, 강하고, 부드러운 맛.

돌아오는 봄마다 생각나고 그리워서 오늘을 살아내고야 마는 맛.

부지런히 챙겨 먹은 올봄이 한 해를 살아갈 힘이 되어주기를.

제 몫의 행복을 찾을 힘이 되어 누군가의 봄이 되어주기를.

◦○◦○

브루스케타는 구운 빵 위에 각종 재료를 얹어 먹는 전채요리. 두릅과 가죽나물을 더하니 향긋함이 좋다. 바게트에 다진 마늘, 올리브오일을 발라서 굽는다. 소금물에 살짝 데친 두릅을 토마토와 함께 쫑쫑 썰어 다진 마늘, 올리브오일, 발사믹 식초, 소금, 후추를 섞어서 바게트에 듬뿍 올려 입안에 머금어본다.

냉이를 사랑하는 법

약속처럼 지나가던 벚꽃길이 있었다. 할아버지의 새빨간
오토바이 소리, 꽃 아래 벌 소리, 사람들의 웃음소리가 뒤섞였던
그 길은 만발한 봄 같았다. 진짜 봄을 알리는 소리.
지나갈 일이 없던 그 길을 손녀딸 꽃 한번 보여주려고 매년,
매번 돌아갔다는 사실을 알게 된 건 그로부터 먼 훗날의 이야기.
사랑일 수밖에 없었던 한 사람의 이야기.

ㅇㅇㅇㅇ

단촛물 끓는 소리에 맞춰 냉이를 데치고 무친다.
봄의 끝자락에서 풍겨오는 냉이 향이 얼마나 진한지 두 눈을 감아도
봄 냄새가 난다. 시장에서 사 온 두부를 으깨어 밥과 섞어 단촛물에
슥슥. 양배추를 그릇 삼은 샐러드엔 마요네즈와 케첩,
약간의 마늘 장아찌를 곁들인다.

2 장

여름

뜨거워도 기다렸어,
순간순간이 반가운 식탁

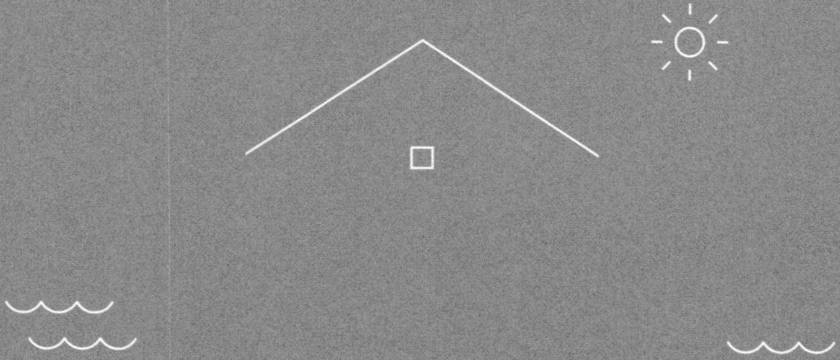

콩죽을 좋아하시데

"저녁에 집에 돌아오면 노다지 칼국수, 아니면 콩죽이었어. 왜 그리 많이 먹었는지. 우리 할머니가 그렇게 콩죽을 좋아하시데. 그땐 믹서기 말고 맷돌에 콩을 질질 갈아서 만들고는 했는데, 그게 그렇게 고소하고 맛있었어. 그랬었어. 예하야, 우리 오랜만에 콩죽이나 먹을까?"
콩죽 소리에 두 눈을 반짝이는 나와, 대충인 듯 아닌 듯 허술한 온전함을 요리하는 우리 할머니, 홍순 씨의 콩죽 이야기.

재료

백태

습식 찹쌀가루

습식 멥쌀가루

소금

1. 미지근한 물에 콩(약 2컵)을 3시간 이상 불려두고, 그사이 찹쌀가루 반 멥쌀가루 반을 섞어 익반죽해 새알심을 만들어줍니다.

+예하의 도움말

찹쌀은 익반죽함으로써 점성이 생기므로 뜨거운 물로 반죽해야 해요. 쌀을 끓이면 밥이 되어 점성이 생기는 원리와 비슷해요.

2. 집중! 지금부터 중요해요. 잘 불린 콩을 끓는 물에 넣고 한번 폭 올라오면 건져주어요. 약간 아작한 식감이면 제대로 삶아졌다는 뜻이에요.

+홍순 씨의 지혜

푸욱 익었을 때가 아니라, 아작아작하니 조금 덜 익었을 때 갈아야 콩 비린내 없이 더 고소해~!

3. 살짝 식힌 콩에 약 3~4배 되는 콩 삶은 물을 넣어 곱게 갈아주세요.

4. "이거 함 먹어봐. 을마나 고소한지, 없어서 못 먹는 거야." 질리지도 않으시는지 어김없이 들려오는 먹어보라는 말.

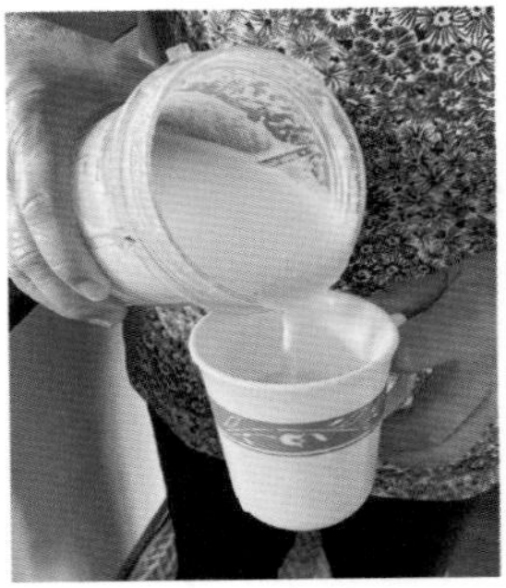

5. 갈은 콩물이 조금 진해서 물을 추가하고 큰 냄비에서 끓여줍니다.

6. 찹쌀가루 한 주먹 정도 흩뿌려주고, 만들어둔 새알심을 넣어 살살 저어가며 끓여주어요. 물로 원하는 농도를 맞춰주면 됩니다.

7. 한 김 화악 식히고 나서 마무리에 소금을 넣어주면 완성입니다.

+홍순 씨의 지혜

뜨거울 때 소금을 넣으면 두부처럼 어릴(굳을) 수 있으니 조심!

콩물을 먹으면 산다고. 옛날에 아무것도 먹을 게 없어서
사람들이 퉁퉁 부어 아팠을 때 이 콩물을 먹은 사람들은
살았다네. 콩물을 먹으면 산다고 다들 그러데.
우리 예하도 오래오래 건강하게 살아.
그렇게만 살아.

그까이꺼 수미감자

유난히도 더웠던 6월의 어느 날. 고개를 내젓는 선풍기, 하늘을 메우는 새소리, 바람결 따라 춤추는 대나무. 그리고 그 앞에 핸드폰을 지그시 바라보던 나. 간식을 몰래 먹고 있던 할머니에게로 달려갑니다.

예하 할머니~!

홍순 씨 아잇 깜짝아. 나 귀 잘 들려!

예하 사람들이 할머니 수미감자 레시피가 궁금하다네. 포슬포슬한 그거.

홍순 씨 애개… 그 하기 쉬운 걸?

예하 근데 실은 나도 잘 못해.

홍순 씨 그까이꺼 뭐시라고. 있어 봐.

재료

수미감자
뉴슈가
소금
설탕

1. 수미감자 껍질을 열심히 벗겨주세요.

+홍순 씨의 지혜

"감자는 껍질이 툭툭 잔잔이 갈라지니 트실트실 해야 수미감자여. 매끈하면 고건 지져 먹는 반찬 감자고."

2. 찬물에 2번 정도 씻어준 다음 냄비에 물을 자작하게 넣어주세요. 소금 두 꼬집과 뉴슈가도 휘리릭 흩뿌려줍니다.

+예하의 도움말

뉴슈가를 안 넣는다면 마지막에 설탕을 더 뿌려주면 되는데, 넣어야 추억의 맛이 나요. 길거리에서 파는 찰옥수수의 그 단맛 알잖아요!

3. 물을 살짝 더 추가해서 강불에 올려놨다가 끓기 시작하면 중강불로 줄여요. 20분쯤 지났을 때 푹 찔러보니 아직 분이 덜 나왔어요. 물을 추가해서 폴폴 끓여줍니다.

4. 물이 모두 사라지고 부드럽게 익은 감자에서 분이 나오기 시작하면 약불에 조금 더 놔뒀다가,

5. "이리저리 흔들어재껴!" 부서진 감자에 설탕을 취향껏 추가하면 오늘의 그까이꺼 완성. 조금 더 포슬포슬하게 먹고 싶다면 주걱으로 탁탁 쳐주세요.

오랜 세월 할머니의 여름을 책임져주었다는 대나무 돗자리에 앉아 뜨거운 감자를 먹어요. 후후 소리에 서로의 눈을 바라보며 웃고, 선풍기 앞에 하나 된 우리.

바야흐로 감자의 계절이 왔습니다. 오늘은 배달 음식 말고 달달하고 푸실푸실한 추억이 깃든 수미감자 어때요?

여름 하면 토마토지

"사람이 늘 좋은 날만 있을 순 없지. 너랑 나랑 생각이 다를 수도 있는 거고, 생전 모르는 사람한테 위로를 받을 수도 있는 거고. 방 깨끗이 청소하고, 산도 한 바퀴 돌고, 밥 든든히 챙겨 먹고서 훨훨 날려버렸어 나는. 그게 나를 위로하는 길이더라. 깊이 생각하면 끝이 없어. 도로 손해여."

유난히도 지치고 아픈 날, 당신이 스스로를 위로했던 방법을 들어요. 여름날의 토마토와 나란히 들어요.

ㅇㅇㅇㅇ

토마토 냉면. 토마토와 여름의 재료, 그리고 할머니의 발효 조미료들을 더한 이 계절의 맛.

✿ 토마토 냉면소스

재료 토마토 2개 미니 파프리카 4개 동치미 국물 1~2국자 마늘 1알
소금 약간 설탕 1/2숟가락 취향껏(상큼한 제철 과일, 청양고추, 들기름)

1. '취향껏'을 제외한 모든 재료를 곱게 갈아 냉장고에 넣어둔다.

2. 소면, 메밀면, 해조면 등 취향에 맞는 면을 준비한다.

3. 면 위에 **1**을 붓고 파프리카, 금귤 등 상큼한 재료를 올린다.

4. 다진 청양고추 약간, 들기름 몇 방울을 군데군데 뿌린다.

5. 여름을 맛있게 즐긴다.

진짜 가지 파스타

서늘한 봄바람을 이겨내고 부드러운 달콤함을 이어가는 여름의 가지. 시장에 들른 내가 유심히 고른 것은 가지였다. "여름 가지가 참 맛있어"라는 할머니의 한마디가 메아리처럼 머릿속을 빙글빙글 휘젓다 몸으로 이어지니 어느새 시장에 서 있던 나.

자유로이 땅을 거닐며 각기 다른 모습의 채소를 바라보다 웃는 나는 어쩌면 요리사보단 정원사가 더 잘 어울릴지도 몰라. 화려한 조명보다 달랑이는 이파리 사이로 떨어지는 햇살이 더 좋아. 맨손으로 비벼보는 흙의 눅진한 냄새도, 어린 시절 홍순 씨의 간식을 담당했다는 작은 가지의 속삭임도, 가지 하나로 웃음 짓던 오늘의 당신과 나도. 어떠한 형태든 마음의 맛을 전할 수만 있다면.

°°°°

납작한 페투치네와 진짜 '가지 면'을 더한 파스타. 짭짤한 물에 페투치네를 넣어 따로 익혀두고, 기름을 많이 먹는 가지는 마무리에 면수로 휘리릭 익혔다. 불을 끄고서 바질 페스토에 버무리고 부족한 간은 집간장으로. 부드러운 가지가 면처럼 입에 달라붙는다. 나의 부족함도 기꺼이 안아준다.

도라지꽃이 피었습니다

"고마워요. 인사해줘서."

조그마한 몸을 의자에 기댄 채 핸드폰이 아닌 먼 산을 담아내시던 할머니에게 내가 건넨 마음은 한 줄이었다. 옅은 웃음과 함께 건넨 "안녕하세요."

어쩌면 세상을 바꾸는 건 이 한 줄이 아닐지. 마스크를 사이에 두고 밀어냈던 눈들에게 늦은 인사를 건넨다. 내가 지금보다 조금 더 작았을 때 옆집 할아버지가 던져주었던 양갱을, 앞집 친구가 이사 가던 날의 슬픔을, 골목길에 흘러다니던 다정함을 다시금 중얼거렸다.

ㅇㅇㅇㅇ

도라지꽃이 피었습니다! 감자와 옥수수를 넣은 밥. 약간의 집간장과 참기름을 더하여 지었더니 밥만 먹어도 달다. 파프리카와 오이 등 자투리 채소를 털어 만든 월남쌈, 여름을 이겨내보자며 웃어주던 오이 미역냉국, 줄무늬 콩 껍질에 숨은 귀여운 제피잎 장아찌까지.

+예하의 도움말

질문 : 도라지꽃은 식용이 가능한가요?

답변 : 아쉽게도 식용이 아닙니다. 매년 식약처에서 식용이 가능한 꽃과 아닌 꽃을 지정해주는데 도라지는 꽃이 아닌 뿌리와 잎만 허가해주고 있어요.

옥수수가 막 터지드라

예하는 참 신기해.
새벽부터 등산에, 요리에. 시장 가는 날이면 몸만 한 장바구니를 양쪽 어깨에 메고서 돌아오는디 그게 그리도 좋나 봐. 얼굴이 폈어 아주. 버스 싫다고 죽도록 걷데. 날 닮아서 체력도 좋아! 세상 제일가는 요리사가 된다나. 근데 그냥 요리도 아니고 뭐, 스토리… 텔? 요리에 이야기를 담는다네. 그래야 하나뿐인 요리가 된다고. 약이 되는 요리를 하고 말 거라고. 요리로 세상을 한 뼘 두 뼘 밝히고 싶디야. 이것도 날 닮았냐고? 아니이. 나는 죽어도 못 혀~

찹쌀이랑 그 초당옥수수로 떡을 해볼 테니 집중 잘 하고 따라와요. 요 물이 막 터지는 옥수수를 우리 예하 덕분에 처음 먹어봤잖아요.
아 참, 오늘은 내가 말하는 레시피여요. 예하가 적고 난 말하고! 두서없을 텐데 예하가 이렇게도 해보고 싶다네. 허허.

재료

초당옥수수
밤
호박
콩고물
습식 찹쌀가루
설탕

1. 물 먹여서 체에 한번 내려준 콩고물을 꺼내서리 찜기에 골고루 살살살 뿌려요. 이리저리 빈틈 안 보이게스리.

+홍순 씨의 지혜
요게 기본 밑간이 되어 있긴 한디, 고물을 먹어봤을 때 안 달면은 설탕을 한 번 더 흩쳐서 뿌려줘야 좋아.

2. 찹쌀가루(약 6컵)에 설탕을 한두 주먹 정도 넣어서 섞어줘야 하는데, 그 간은 어찌 아냐면 가루를 콕 찝어서 먹어봤을 때 살짝 달짝지근하면 된 겨.

+홍순 씨의 지혜

아 참! 찹쌀은 물 넣으면 안 돼. 질질해져서 못써요.

3. 미리 썰어서 설탕에 버무려둔 호박이랑 밤을 찹쌀가루에 잘 섞어서 찜기에 고루고루 넣어주고, 그 위에 콩고물을 한 번 더 얇게 뿌려요.

4. 맨 위에 초당옥수수를 툭툭. 떡 위에 빈 공간 없이 좌악 올려줬어요. 맛있어지라고!

5. 이대로 중강불에 올려서 25분 정도 쪄주면은 김이 폴폴 날 거예요. 젓가락으로 찔렀을 때 가루가 안 나오면 된 겨. 다들 한입씩 주고 싶은 맛이어요, 요거.

작년인가 텔레비전에서 옥수수가 나오는데 밭에서 따서 바로

먹데. 뭐 저런 게 다 있나 싶드라고. 생걸로 다 먹네 싶고.

저건 외국서 왔나 보다 했지. 근데 예하가 그걸 딱 들고 와서

내가 이걸 다 먹어보네~ 했어. 글쎄 옥수수가 막 터지드라고!

너랑 먹어서 더 맛있더라.

근데 요건 혼자 먹고 싶은 맛이긴 해?

느려도 괜찮아

깻잎 순 볶음

저는 느린 사람입니다. 칼질도 느리고, 마음을 표현하는 속도, 질문에 대한 대답을 생각하는 일, 하다못해 거절하는 일까지 마음을 다하다 보니 모든 일에 참 느려요.
요즘 인기 있는 제목들엔 '쉽고 빠른 독서법', '빠르게 외우는 영어 단어', '빨리 부자 되는 법' 등등 '빠르고 완벽하게'가 내세워져 있어요. 5분으로 바꿀 수 있는 인생의 비법이라니요?
저는 5분 만에 바뀌는 삶을 만들어가고 싶지 않습니다.
느려도 한 걸음 두 걸음 나아가는 저만의 이야기를 소중히 여기고 싶어요. 빠르게 흘러가는 세상 속에서 두 걸음 물러나 세상을 그려나가던, 느린 두 사람의 깻잎 순 볶음 이야기입니다.

재료

깻잎 순
양파
청양고추
마늘
참기름
볶은 참깨
집간장
양조간장
매실 액기스
고춧가루

1. 옆집 할머니가 안겨준 깻잎 순을 씻어주어요.

2. 쫑쫑 썬 양파를 약간의 기름에 단맛이 올라올 정도로만 볶은 다음, 불을 끄고 씻은 깻잎 순을 넣어줍니다.

3. 청양고추 2개와 마늘 3~4개를 편으로 썰어 넣고, 참기름 1숟가락, 고소하게 볶은 깨 1숟가락도 넣어요.

4. 집간장 반 국자 덜 되게, 양조간장 반 국자 조금 덜 되게, 매실 액기스 반 국자 더 되게 넣어주세요. 천천히 채워진 냄비를 중불로 볶아주기 시작해요.

+홍순 씨의 지혜

두 간장을 같이 넣어야 맛이 좋아. 집간장은 집에서 만든 거라 풍미가 있지만 간간하고, 양조간장은 은은한 단맛이 있거든.

5. 자글자글 볶아주다가 마지막에 매운 고춧가루 살짝 추가해주면 매콤하고 적당히 달달하면서 자꾸만 손이 가는 깻잎 순 볶음 완성입니다.

여든 해에 가까운 세월 동안 적혀온 할머니의 이야기를 들을 때마다 기적 같다는 생각을 하곤 합니다. 그 기나긴 세월, 단 한 순간도 멈추지 않고 달려온 당신의 이야기를 기억해요. 살아도 살아도 세상이 궁금하다는 당신의 눈빛을 기억해요. 인생의 비법은 속도가 아니라 마음먹기에 달렸다는, 느려도 괜찮다는 할머니의 말로 오늘의 수업을 마칩니다.

숲에 빠져든
가래떡과 버섯 친구들

내가 바라보는 숲을 접시에 옮겼다. 푹신푹신하게 자라나던 덤불은 얇게 저민 오이로, 뛰어놀던 새와 다람쥐는 구운 가래떡과 미니 새송이 절임으로. 자연스레 피어나던 토끼풀 같은 것들. 자연스러울 때 가장 아름다운 것들.

°°°°

해치우는 식사가 아닌 느긋함이 담긴 나만의 공간은 이런 모습이다. 올리브오일에 구운 마늘과 빵가루로 풍미를 더하고 사이사이 고수 페스토와 마늘 간장소스를 후두둑 뿌린 나만의 접시.

여름이 피어난 자리에

잠결에 멀어진 이불이 다시 내게로 올 때, 먹고 싶단 한마디에
나타난 토마토 한 상자, 내 방을 두드리는 할머니의 손,
나만 보이면 꺼버리시는 텔레비전. 본인이 알고 있는 요리 중
가장 화려한 화전. 어여쁜 것만 먹이고 싶다는 말.
모든 곳에 당신의 '사랑해'가 담겨 있다.

ㅇㅇㅇㅇ

이 계절에만 반짝 만날 수 있는 살구꽃, 박하잎과 초당옥수수,
오디와 가지꽃. 홍순 씨가 만든 야생화 다발이 올라간 하얀 찹쌀
전병. 곱게도 끓여진 조청에 콕콕 찍어 먹어본다.
여름이 오긴 했나 보다.

물 대신 토마토 커리

맑은 하늘과 함께 햇살이 찾아왔다. 너의 작은 숨결까지도 사랑해, 온몸으로 외치는 세 사람의 눈을 바라본다. 책을 하도 많이 봐서 별명이 책벌레였던 아이가 엄마로, 눈에 넣어도 안 아픈 사랑스러운 아기가 아빠로, 마을에서 야무지기로 소문났던 꼬맹이가 할머니가 되기까지의 이야기를 더듬거린다. 이 흩어진 삶의 조각들을 나는 햇살이라 부르기로 했다.

。°。°

어김없이 떠나는 식탁 위 여행. 오랜만에 향신료를 배합해 만든 커리엔 물 대신 토마토 하나가 통으로 들어갔다.
커민 씨를 볶다가 양파와 토마토를 넣고, 코리앤더 파우더, 가람 마살라, 생강가루 등 이끌리는 대로 넣다 보니 오늘 우리를 위한 커리가 나왔다. 밥 위엔 삶은 렌틸콩을 조약돌처럼 눕히고, 고수 열매로 톡톡 터지는 여름을 표현했다. 정성으로 구운 홍감자와 두부, 밤호박 그리고 초당옥수수 브륄레까지.

여름의 약속

콩물

우리는 약속이라도 한 것처럼 요리를 시작했습니다. 콩을 불리고, 고명을 준비하고, 면을 삶고, 불린 콩을 갈고, 그릇을 꺼내고, 가지런히 담고.
어쩌면 우리 먼 옛날 오늘을 기약하며 서로의 얼굴을 맞댄 건 아닌지, 목숨을 내어줘도 괜찮았을 벗이 아니었는지, 그마저도 아니라면 빗물과 바람으로 눈이 마주친 건 아닌지. 할머니와 나 사이 오래 이어져오던 약속이 이제서야 이루어지는 건 아닐까, 그런 상상을 했어요.
상상 끝에 마주친 여름, 이 안의 콩물.

재료

백태
물
소금
국수호박
원하는 고명

1. 백태 약 2컵을 반나절 동안 불려둡니다.

2. 잘 불어난 콩을 체에 건져서 끓는 물에 퐁당. 뚜껑을 꾹 닫고 끓이다가 푹 끓어올랐을 때 콩을 하나 집어서 먹어보아요.

+홍순 씨의 지혜
콩을 너무 부드럽게 삶아버리면 안 돼. 살짝 아작해야 더 고소한 맛이 살아 있다고~ 끓인 콩물도 버리면 안 되는 거 알지요?

3. 고소하게 익은 콩과 살짝 식힌 콩 삶은 물을 함께 넣어 최대한 곱게 갈아줍니다. 잘 갈린 콩물은 냉장고에 넣어 식혀주세요.

+홍순 씨의 지혜

콩죽도 그렇고 요것도 콩이 뜨실 때 소금을 넣으면 두부가 되어버려! 무조건 식힌 다음에 소금을 넣어줘요.

4. 콩물을 식히는 동안, 삶으면 면이 되는 국수호박도 준비하고요.

5. 풋사과, 밤호박, 오이, 미니당근 등 취향껏 준비하는 다양한 고명들.

6. 식은 콩물에 소금을 넣고,
남겨 놓았던 콩 삶은 물로
농도를 맞춰준 다음
잘 저어줍니다.

7. 고소함과 함께 완성된
콩물에 국수호박,
갖가지 고명을 올려주면
완성이랍니다.

옛날 옛적 아주 먼 옛날에 세상을 눈부시게 적시던 빗물과
선명한 여름의 향을 가진 바람이 있었어요. 함께하지
못했던 둘은 서로가 궁금했어요. 비가 내리는 날은 바람이
의기소침해졌고, 바람이 세차게 불던 날은 빗물이 흔들렸지만
그럼에도 둘은 서로 스치는 날만을 기다렸어요.
있잖아, 우리 언젠가 두 눈을 마주치면서 밥을 먹는 날이 올지도
몰라. 선명한 여름에 마주치면 더 좋을 거야. 그치?

꽈리고추는
어찌 먹어야 맛있어요?

"쭈글쭈글."

어디선가 들려오는 쭈글쭈글 소리. 꽈리고추가 내는 소리인가 했더니, 아니 우리 할머니구나.

"할머니 손 예쁜데 왜 맨날 꼬집어."

"아무리 봐도 안 믿겨서. 울 할머니 손 꼬집던 게 어제 같은데. 이제 내 손이 주름졌네 싶어서. 쭈글쭈글."

할머니의 멋들어진 손 주름을 닮은 꽈리고추 수업을 시작합니다.

재료

꽈리고추

부침가루

만능 양념간장

참기름

1. 깨끗하게 씻은 꽈리고추에 부침가루를 묻히며 수업을 열어봅니다. 부침가루 대신 밀가루를 사용해도 돼요.

2. 꽈리고추와 부침가루를 뒤적거려준 후 찜기에 넣어 중강불로 5~10분 정도 쪄줍니다.

3. 부침가루가 조금 남아 있어서 갸웃거리는 저를 향해 홍순 씨가 한마디 던지시네요. "정답은 어디에도 없는 것이여. 나만 따라오면 다 된다니까~"

4. 이대로 먹어도 쫀득하니 맛있는 꽈리고추에 만능 양념간장 1숟가락, 참기름 1숟가락 넣어 무심한 듯 정성껏 섞어주고 나면 없어서 못 먹었다는 꽈리고추 무침 완성!

+예하의 도움말

곳곳에 출몰하는 만능 양념간장은 '여름방학' 156쪽을 참고해주세요.

"어릴 때 이게 먹고 싶은데 꽈리고추가 안 보여서 그냥
고추 보드라운 거 따서 쪄 먹고 그랬어. 집에 오는 사람들
반찬으로도 해주고. 별것도 아닌데 참 추억이 많아.
아휴, 너랑 이야기하다 보면 별 얘기를 다 하고 싶고,
전부 내보여주고 싶고 그래. 나 어디 가면 넘 이야기 듣는
사람이지 먼저 말하고 그런 사람 아니니 오해 말어?"

"할머니 손은 약손" 내 배를 슬슬 문질러주던 손. 무엇이든 뚝딱
만들어내던 마법 같은 손. 가끔은 나를 꾸짖던 손. 아주 가끔은
밉다가도 결국 그리워지는 손. 보물보다 귀히 나를 안아주던 손.
바랜 주름조차도 아름다운 손. 너무 열심히 살아와서 좀 쉬라고
말해주고 싶은 손. 기쁘나 슬프나 제일 먼저 떠오르던 손.
나의 처음을 가장 많이 축하해주던 손. 머지않아 내게로 다가올,
가장 많이 닮고 싶은 손.
울퉁불퉁한 생애를 품고 있던 손에 대하여.

김밥 모음 ◦ 1

노오란 위로의 김밥

"나는 꽃이 참 좋더라."

"할머니는 왜 그렇게 꽃을 좋아해? 우리 엄마도 예전엔 안 그랬는데 이젠 카톡 프로필이고 배경이고 다 꽃이야."

"그냥 꽃을 보면 사랑하고 싶고, 의지하고 싶고, 꽃을 키우는 그 마음이 참 좋아. 평생 노력해도 사람한테는 상처를 참 많이 받았어. 콩나물 1원어치 사는 돈이 아까워서 일하던 날에, 하루도 안 울고 잔 적이 없었는데…. 그래 꽃이나 키우고 살아야겠다 생각했지. 잎이 자라고, 꽃이 피는 그 시간이 둘도 없는 위로가 되드라."

∘°∘°

당신을 위한 꽃이 핀 오늘의 김밥. 강황밥을 지어 초당옥수수를 섞고 케일 두 장, 이웃집 할머니의 참비름나물 무침 두 줌을 넣어 말아냈다. 김밥을 나눠 먹는 이 시간이 꽃만큼 좋더라.

김밥 모음 ◦ 2

감태 부추전 김밥

오전 11시. 할머니가 낮잠을 주무시는 기회를 틈타 재료 손질을 시작한다. 늘 그랬듯 하다 보면 뭐든 되겠거니, 널브러진 재료들을 한입에 넣어버리고 싶다는 상상은 김밥이 되었다.
당신이 일어나기 전에 최대한 바지런히 돌돌돌. 보이는 마음이란 마음은 전부 다 쓸어 담아버리기로 한다. 다채로운 세상을 한입에 머금을 수 있도록. 이 순간만큼은 내가 할머니보다 반 뼘 더 앞서지 않을까나.

◦○◦○

오독오독 매콤한 콩나물 무침과 부추전을 속재료 삼아
감태 김밥을 말았다. 슴슴한 옥수수밥, 세발나물과 적양배추 무침, 찍어 먹는 콩가루, 피어난 쌈무 꽃까지. 숨은 이야기들이 많은 김밥.

김밥 모음 ◦ 3

오이 후무스 김밥

"풀을 태우면 연기가 나잖어. 울 할머니가 그 연기에 부채질을 하면서 우리한테 보내셨어. 모기한테 물리지 말라고….
그렇게 한참을 보냈어. 휘이휘이, 물리지 말어라. 우리 아가들 편안하게 잠들어라. 어찌 그런 정성을 쏟으셨을까."

우리는 어려서부터 하나의 세상을 그려나간다. 할머니의 부채질로부터 조건 없는 사랑의 단어를, 당연하게 먹어온 집밥으로부터 맛의 세계를, 들어온 말로부터 언어의 온도를.

◦◦◦◦

오이와 후무스에 푹 빠져버렸다. 다른 듯 닮은 두 맛의 어우러짐이 그저 좋아서. 데구르르 오이 김밥엔 바삭한 양파 플레이크가 후두둑. 상큼한 부추 겉절이와 할머니 손에 들린 도라지꽃 하나, 아니 둘.

✿ 은근슬쩍 후무스

재료 삶은 병아리콩 1컵(약 150그램) 마늘 1알 볶은 깨 1숟가락 레몬즙 1숟가락
올리브오일 1/4컵 소금 후추 커민가루와 코리앤더 파우더 약간 물 1컵

1. 하룻밤 불린 병아리콩을 부드럽게 씹힐 정도로 삶는다.

2. 삶은 콩을 냉수에 넣어 껍질을 벗긴다. 부드러운 후무스를 위한 과정이므로 생략해도 된다.

3. 처음엔 물 반 컵 정도에 모든 재료들을 넣고 갈아준다.

4. 물을 조금씩 추가하며 원하는 농도를, 소금으로 부족한 간을, 향신료로 취향에 맞는 향을 더한다.

\+ 후무스는 과자에 찍어 먹거나 샌드위치, 샐러드에도 잘 어울린다.

이열치열 김치 콩나물국

할머니가 그러셨는데 세월이 요리의 비결이래요. 여전히 큰 손에 간 맞추랴 양이 산처럼 늘어나기도 하지만, 겹쳐지는 시간 속에 추억이 더해지며 자연스레 맛의 비결로 자리잡은 건 아닐까 생각해봐요.

오늘은 삼복 가운데 마지막에 드는 복날, 말복 맞이 김치 콩나물국 이야기랍니다. 소박하지만 할머니가 자주 드셨고, 좋아하는 음식이라 더 애정이 가요. 아마도 많은 사람들의 기억 속에 콕 박혀 있는 추억의 음식이지 않을까 싶어요. 시장에서 찾아온 천 원어치의 행복, 콩나물과 함께 하루를 활짝 열어봅니다.

재료

김치
콩나물
채수
떡국떡
청양고추

1. 매콤한 김치를 썰어 냄비에 넣고 우러난 채수를 붓습니다. 채수 속 표고와 팽이는 건져서 같이 넣어도 좋아요.

+예하의 도움말
기본 채수를 준비했어요. 채수는 '여름방학' 153쪽을 참고해주세요.

2. 바글바글 끓어오르면 콩나물을 꾸깃꾸깃 넣어주세요.

3. 부족한 국물은 채수를 추가하며 조절하고서 마지막으로 떡국떡을 넣어 한번 더 바글바글 끓여줍니다.

+홍순 씨의 지혜

여기에 밥을 좀 넣어야 들큰하니 더 맛있어지는데 오늘은 양이 많아서 안 넣었어. 만들려거든 넣어줘요. 알았죠?

4. 청양고추로 칼칼함까지 더해주고 나면, 평범해서 계속해서 되뇌고 싶은 무더운 여름날의 이열치열 완성입니다.

"너는 이 평범한 걸 뭐 그리 열심히 적어?
예전엔 노다지 이것만 해 먹었어!"
그래서 적어요. 평범해서 지나쳤던 순간 속에 숨겨진 이야기들을 발견하고, 어루만지고, 전하고, 묻혀 있던 보석을 캐는 마음으로 요리하고 싶어서요.

"이거 다아 멋진 당신 보면서 배운 거야. 내가 살아가는
모든 방식들은 다아 그 손에서 시작된 거야."
할머니만 모르더라고요.

감자전에 호박꽃을 펼치면

두 달 전 즈음.

예하 할머니, 나 호박꽃 요리가 너무너무 해보고 싶어!
서울에서는 구하기도 힘들고 구해도 비싸고. 그러니까
우리 저 아래에 호박 심어서 꽃만 왕창 먹어보자.
그래도 될까?

홍순 씨 (시큰둥) 호박을 먹어야지 뭔 꽃을 먹어! 뭐… 알았어.

두 달 후.

홍순 씨 예하야, 내가 호박꽃 따왔어.

예하 아니, 이게 몇 개째야! 냉장고에도 쌓여 있는디.

홍순 씨 예쁘지~

추적추적 비가 내리는 날이면 감자전에 호박꽃이 핀데요.

재료

감자

호박꽃

양파

부추

소금

1. 큰 감자 3개를 준비해주세요. 각자의 동그라미 세상을 가진 감자 껍질을 벗겨줍니다.

2. 껍질을 벗긴 감자는 강판에 갈아주세요.

3. 다 갈은 감자를 손으로도 꾹꾹 눌러준 후 나온 물을 버리지 않고 5분 정도 내버려둡니다. 그럼 하얀 전분이 가라앉은 모습을 발견할 수 있어요.

4. 위에 분리된 물을 반쯤 부어주고 아래 남아 있던 전분과 소금 두 꼬집, 갈은 감자를 골고루 섞어줍니다. 갈은 양파도 추가하면 좋아요.

+예하의 도움말
이때 더 쫀득하게 먹고 싶은 분들은 녹말가루를 2숟가락 정도 추가해도 되고요, 매콤함을 원한다면 청양고추도 쫑쫑 썰어 넣어주세요.

5. 펼쳐서 속까지 깨끗하게 씻은 호박꽃과 부추를 준비해둡니다. 기름을 둘러 예열한 팬에 둥글 넓적하게 펼친 감자전을 살짝 익었을 때 뒤집어요.

6. 그저 손이 가는 대로 호박꽃을 하나하나 펼치고, 빈틈은 부추로 채웠어요. 뒤집어서 꽃이 붙을 정도로만 살짝 익혀준 다음 접시에 담아주면 새로운 세상이 펼쳐진답니다.

본인이 가진 가장 큰 사랑이 밥이라는 사람을 똑 닮아버린 아이가 비가 와서 우울하다는 당신을 위해 펜을 들었어요. 호박꽃으로 뭐를 해야 그 어여쁨이 담길까? 노란 선명함도 놓치고 싶지 않고, 특별함도, 맛도, 마음도 무엇 하나 놓치고 싶지 않아서 조그만 손을 움켜쥐어요. 내 속도 모르고 잘만 흘러가는 계절을 쥐었다 폈다, 풀린 손끝에 남은 글.

"서로가 서로의 시간이 되어주니 세상이 노랗게 노랗게 물들었네."

사랑으로 감싼 호박잎

아빠와 할머니는 닮았다. 보조개와 함께하는 웃음이, 모두에게 사랑을 전하는 모습이, 나만 보면 쪼르르 달려오는 얼굴이, 부탁하기 전에 "미안한데"를 붙이는 버릇도 똑 닮았다. 어느 더운 여름날, 아빠가 와르르 사 온 화분에 한마디 던진 적이 있다.

"필요도 없는 걸 뭐 이리 많이 샀어?"

"조그마한 할머니가 땀 뻘뻘 흘리며 팔고 계시더라고."

다음 대사는 없었지만 머쓱하게 웃던 아빠의 미소가 모든 말을 대신했던 날, 나는 사랑하는 삶을 배웠다.

°°°°

고구마와 당근을 넣어 지은 밥을 시장에서 데려온 이천 원의 행복으로 감싸 안았다. 호박잎은 비벼서 찌면 보드랍고 좋다는 홍순 씨의 지혜를 따르면서. 봄이 담긴 제피잎 장아찌도 슬그머니 올려주고, 아이스크림은 두 가지 맛을 반씩 섞어 고수꽃과 삥튀기를 얹었다. 정성으로 끓인 시래기와 햇양파구이까지.

홍순 씨와 시래기

시래기(무청)는 햇빛 아래가 아닌 그늘 아래에서 말려야 파아랗게 말라. 안 불리고 바로 삶아야 부드럽고. 불리고 막 오래 삶으면 자칫함 질겨져서 안 좋아. 푸욱 삶은 시래기에 고춧가루 1숟가락, 양파 반 개에 들기름, 된장, 집간장, 다싯물, 청양고추 넣어 푸욱 끓여주면 얼마나 맛난지 모르지? 근데 어릴 땐 너무 많이 먹어서 누가 밭 좀 확 엎어주면 좋겠다고 그랬어. 내 동생이 하도 시래기를 많이 먹어서!

호박꽃
전시회

홍순 씨 아아, 예하 씨 호박꽃 세척은 어떻게 하면 되나요?

예하 호박꽃은 달콤한 향이 진하여 꽃 속에 벌레가 숨어 들어가 있는 경우가 많아요. 그러니 벌레가 나와도 놀라지 말고 밖에 풀어주세요. 꽃은 살포시 벌려 가위로 꽃술을 잘라내고 물로 안쪽을 씻어내주면 된답니다.

부드럽고 은은한 호박 향이 풍기는 호박꽃, 한번 구경해볼까요?

호박꽃 주먹밥

"할머니, 사는 건 외로운 일이야?"
"외롭지 그럼."

외롭지 않은 듯 외로운 게 인생이니
스스로를 아끼고 귀히 보듬어야 한다고 하셨다.

"묵힌 마음은 쌓아두지 말고 보이며 살아.
그럼 외로워도 내일이 궁금해지더라."

。°。°

빈틈없이 채우던 접시에 여백을 줬다. 나에게 여유를 주려고.
호박잎과 호박꽃을 감싼 오늘의 쌈밥은 3년 묵은 집간장을 넣어
지은 병아리콩 현미밥. 묵은 마음을 씻어내듯 뿌려낸
양파 플레이크, 차게 먹는 방아 청국장과 함께했다.

+ 호박꽃은 생으로 감싸도,
이렇게 볶음밥으로 속을 채워
쪄도 매력적이랍니다.
꽃잎이 정말 연하니 5분만
쪄내면 돼요.

호박꽃전과 유부 나물말이

잠시라도 쉬면 뒤처지진 않을까 하는 걱정과, 수많은 비교와 숫자에서 멀어져 서서히 익어가는 중입니다. 여전히 무른 구석도 많고, 내일은 또 뭘 해 먹어야 할지 고민투성이지만, 간장 양념에 졸인 유부에 나물을 말면 맛있다는 것과 호박꽃전의 매력은 자신 있게 말할 수 있어요.

°°°°

"너 덕에 평생 먹을 꽃을 다 먹어~" 할머니가 좋아하는 흑미밥과 끝은 바삭하고 속은 부드러운 호박꽃전, 지중해 샐러드, 채수 우리고 남은 표고버섯 조림, 그리고 간장 양념에 졸인 유부 속에 슴슴한 고구마줄기를 돌돌 말았다. 있는 대로 눌러 담았더니 재료 덕인지 마음 덕인지 접시가 묵직하다.

호박꽃 갈레트

"그동안 잘 지냈냐고, 나는 잘 먹고 잘 살았다고 이야기해줄 게야."

할머니가 보고 싶다는 할머니의 이야기에 귀를 기울여요.

"할머니, 나도 언젠가는 쪼글쪼글해지겠지?"

"그럼. 나도 할머니 주름 꼬집던 게 어제 같은데… 천년만년 가는 게 어딨겠어? 사람도 사랑도 그래. 그러니 주름은 생각하지 말어. 웃을 땐 웃고 울고 싶을 땐 실컷 울면서 솔직하게 살아. 다른 사람에게도 스스로에게도. 그럼 몸도 마음도 건강해져 있을 게야."

∘○∘○

갈레트는 프랑스어로 납작하고 둥근 것을 뜻한다. 메밀가루로 만든 식사용 갈레트부터 아이스크림과 과일을 올린 갈레트 등 그 종류가 다양하고 역사가 깊은 요리 중 하나. 내가 사랑할 수밖에 없었던 여름을 이 안에 담았다. 부추 밭으로 날아온 호박 그리고 꽃. 들깨와 오트밀로 고소함을 더한 통밀 파이지에 토마토와 양파를 볶아 만든 소스를 올렸다. 더운 날 반짝 만날 수 있는 살구와 밤호박을 조각조각 올리니 더 진하게만 느껴지던 여름 냄새.

"꽃을 요리에 담는다는 건,

계절을,

실은 사랑을 전하고 싶다는 것."

여름방학

"시간은 거짓말 안 해.
하다 보면 다 되어!"

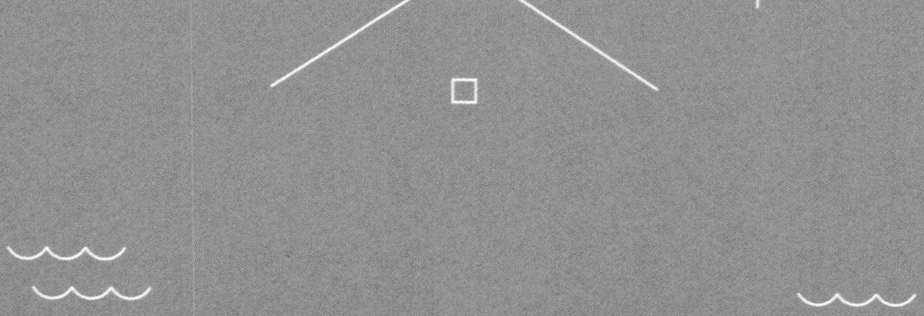

여름방학을
맞으며

여름의 끄트머리. 홍순 씨와 두 계절을 함께 보내며 느낀 건 내게 진짜로 필요했던 건 채우는 일보다 비우는 일이었다는 사실이에요. 늘 완전한 사람이 되고 싶었던 저는 스스로를 반질반질하게 다듬고, 또 채우기를 반복하던 사람이었어요. 내가 가지고 있는 것보다 남들이 가진 것을 한 번 더 쳐다보고는 했지요. 물건을 사고 나면 꼭 내 것보다 남의 것이 빛나 보이지는 않았나요?

할머니의 비법은 그런 거랍니다. 10년이나 묵은 소금의 맛을 느끼고, 조미료 없이도 다채로운 집간장의 세상을 온전히 누리는 일. 내가 가진 것들을 한 번 더 바라보는 일.

'여름방학'에서는 오랜 세월 함께하며 정들었던 도구들과 할머니의 전부였던 비법들을 담아보려고 합니다. 뭐든 그릴 수 있는 하얀 도화지를 마주 보는 시간, 제 몫의 행복을 찾기 위해 비우고 또 비우던 여름이었습니다.

할머니의 보물들 : 주방 도구 편

"세월이 가도 변치 않는 존재들에 대하여."

제가 살아온 시간보다도 오래 묵은 친구들을 할머니는 '보물'이라 부르고는
하는데요. 여름방학을 맞이한 기념으로 저희의 보물들을 소개해드릴게요.
세월이 묻어나기에 자꾸만 시선이 머물던, 화려하지 않지만
사람 냄새가 나던 그런 보물들이요.

1. 홍순 씨의 보물 5호 ♥ 프라이팬

"지금은 잘 기억도 안 나는디, 아마 일이 너무 힘들어서 평생을 이리 살아야 하나 싶어서 샀을 거여. 근데 그 와중에 짱짱한 걸 골라 가지구 아직도 튼튼하네. (웃음)"

2. 홍순 씨의 보물 2호 ♥ 믹서기

"이건 너그 할아버지가 산 거야. 필요할 때가 얼마나 많은지. 30년도 넘은 거 같은데, 여전히 나의 든든한 지원군이야. 얘만 있으면 갈아버리는 건 뭐든 해낼 수 있어."

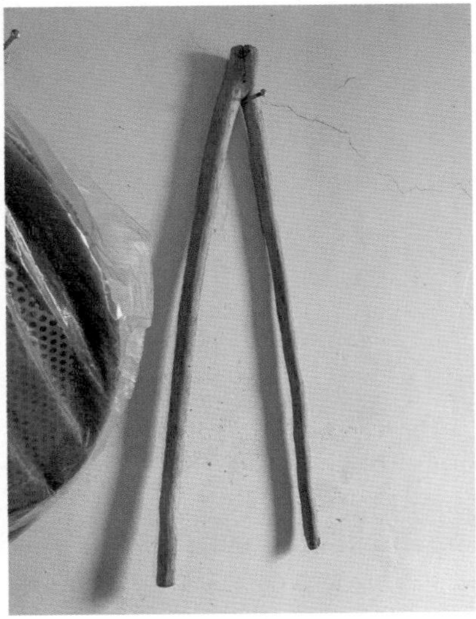

3. 홍순 씨의 보물 4호 ♥ 작대기

"어릴 때 우리 할머니가 쓰시던 작대기야.
시골집에서 들고 온 거지. 식혜 내릴 때나
물 내릴 때 요긴하게 쓰이는 친구여.
오래오래 내 곁에 머물러 있고."

4. 홍순 씨의 보물 6호 ♥ 얼기미와 접체

"쌀가루나 콩고물 내릴 때 아주 많이 쓰이제.
굵기로 따지면 얼기미는 굵은 체고
접체는 고운 체. 이건 쓰자마자 씻어서 그늘에
말려두어야 좋아. 예전에 장날에 사 온 건데
이것도 너보다 오래된 겨!"

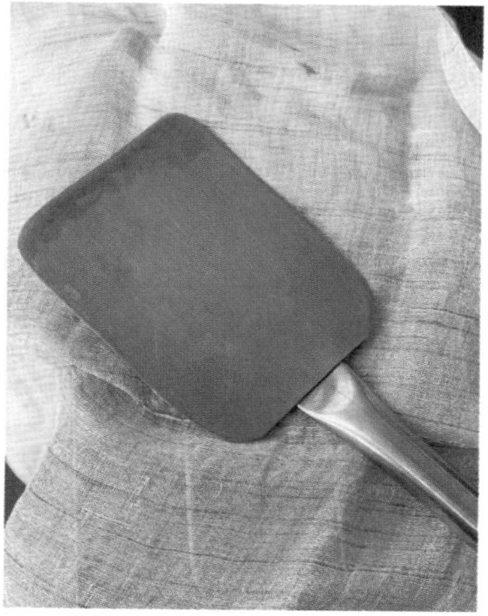

5. 홍순 씨의 보물 9호 ♥ 떡 뒤집개

"떡집 열 때 산 뒤집개야. 떡 꺼내서 자를 때, 옮길 때,
모양 잡아줄 때 거진 손이 되어준 친구지.
이 뒤집개로 얼마나 많은 떡을 뒤집었는지 넌 모를 게다!"

6. 홍순 씨의 보물 12호 ♥ 됫박

"우리 때는 저울보다는 됫박을 더 익숙하게 사용했어.
쌀을 푸거나 콩을 푸거나 저 됫박으로 양을 가늠했지.
'한 되 주세요. 반 되 주세요' 그랬다구~"

7. 홍순 씨의 보물 15호 ♥ 분홍 다라이

"나이가 드니 스댕 다라이는 무겁고,
요 분홍 다라이가 참 편하더라고.
우린 떡을 자주 만드니까 쌀을 불릴 때 주로 사용하지.
나물 씻을 때도 얼마나 가볍게."

8. 홍순 씨의 보물 3호 ♥ 과일칼

"친구가 준 칼이야. 두 개였는데 하나가 사라졌고
너그 집에서 가져간 것 같은데 아니라고 하데? 과일 깎거나
뭘 해도 작아서 편해. 그래서 정말 너그 집에 없어?"

9. 홍순 씨의 보물 20호 ♥ 주전자

"너 손 잡고 그릇 가게에 가서 산 주전자야.
난 물 끓일 때 내가 딱 먹을 만큼만 넣어서 끓여.
그래야 가스비가 덜 나오자네.
따악 커피 먹을 물만큼! 너 말이야 너!"

10. 홍순 씨의 보물 1호 ♥ 장독대

"하나둘 모으기 시작한 게 이만큼이나 쌓여버렸지
뭐야. 매실 액기스도 넣고, 간장도 담고,
복분자 술도 담고, 고추장도 보관하고.
장독대에 넣으면 뭐든 오래가."

예하 할머니는 간장을 누구한테 배웠어?

홍순 씨 배우긴 뭘 배워. 그냥 내가 했어.

예하 할머니가 대장금이야?

홍순 씨 진짜야 배운 적 없어. 그냥 하다 보니까 되던데.
너는 낯설겠지만 옛날엔 다 장을 담갔어. 집집마다
독특한 장맛이 참 좋고 신기했지. 분명 같은
콩인데도 천지 차이였거든. 맛이 있고 없고보다…
그래! 그 사람 맛이 난다고 해야 하나?
안타까운 일이야. 그 사람들이, 맛들이 하나둘
사라진다는 건. 이게 다 지혜고 보물인데.

도대체 요리의 비법이 뭐냐는 저의 질문에 그냥 하다 보니,
살다 보니 산더미만큼 쌓였다는 할머니의 이야기를 듣습니다.
음식의 밑바탕이 되는 채수부터 간장, 떡의 비법인 두 가지 고물까지.
익숙하지만 제대로 알지 못했던, 대장금 못지않은 할머니의
비법들을 전해봅니다.

평범하지 않은 전부
채수

저희 집 채수에는 세 가지 종류가 있습니다. 저는 마음의 소리가 아닌 몸의 소리에 귀 기울이며 날마다 몸이 원하는 것으로 준비하는 편이에요. 묵직한 고구마 생각이 난다면 최근 다이어트로 탄수화물이 부족한 식사를 하고 있진 않았는지, 달달한 음식이 당긴다면 스트레스로 예민한 하루하루를 보내고 있진 않았는지 돌아볼 수 있겠죠. 몸은 상상 이상으로 영리하고, 흐트러진 균형을 스스로 잡아갑니다. 저희가 할 일은 그 소리를 무시하지 않는 일이지요.

보통날, 기본 채수

재료
- 말린 다시마
- 말린 표고
- 무
- 말린 팽이버섯
- 파 뿌리
- 양파
- 양파 껍질

느슨하고 싶은 날,
자극적이지 않은 채수
(무오신채)

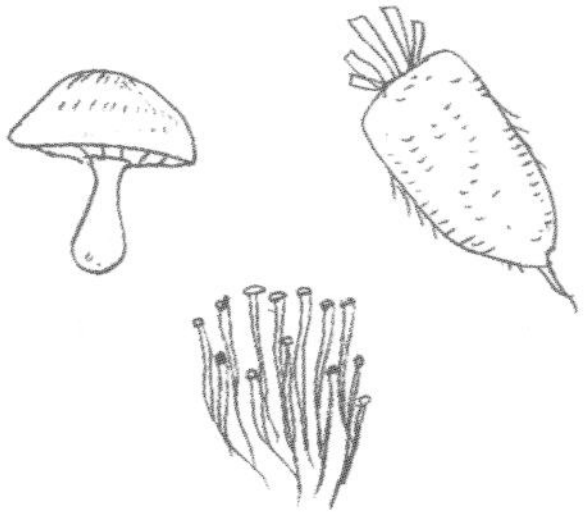

재료 말린 다시마
말린 표고
말린 팽이버섯
무

보약이 생각나는 날,
약이 되는 채수

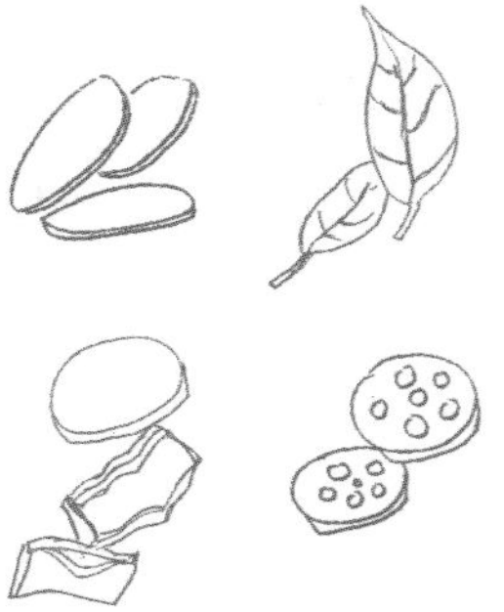

재료 우엉
연근
작두콩
당귀
월계수 잎

채수 만드는 법

냄비에 물을 3분의 2 정도 채운 후(약 2리터) 각 재료를 넣고 10분 이상 끓여준 후 불을 끄고, 뚜껑을 닫은 상태로 반나절 동안 우려줍니다. 오랫동안 끓이지 않아도 뜸을 들이는 과정에서 채소의 감칠맛과 영양이 우러난답니다.

- 우엉과 연근, 작두콩은 말려서 덖은 것을 사용합니다.
- 당귀는 특유의 향이 강하기에 맛을 보며 조절해주세요.
- 양파는 불에 한번 구운 후 사용하면 풍미가 올라갑니다.
- 다시마는 30분 이내로 미리 건져주는 것이 좋습니다. 오래 두면 진액이 나오면서 물이 걸쭉해져요.
- 이 외에도 양배추 심지, 당근 껍질 등 무엇이든 넣어보며 입맛에 맞는 채수를 만들어보세요.

그대에게 만능이고 싶어라
만능 양념간장

할머니에겐 오랜 동무들이 있습니다. 옥상 장독대엔 13년 전 할아버지와 함께 담근 매실 액기스, 10년 가까이 되어서 간수가 다 빠진 천일염, 5년 이상 묵은 갖가지 청과 술들이 숨바꼭질하듯 각자의 자리를 잡고 있어요. 마당 장독대엔 직접 만든 메주로 담근 간장과 고추장, 묵나물 등이 숨 쉬고 있습니다. 하나하나 보물이라 말할 수 있을 정도로 그 묵은 맛들의 미묘하고도 선명한 깊이에 매일 같이 놀라곤 합니다.

"할머니, 요리가 맛있으려면 뭐가 기본이 되어야 해?"

"소금, 간장이 제일 중요해. 오래 묵은 것들로!"

홍순 씨의 5년 지기 동무, 간장으로 만든 만능 양념간장 이야기입니다.

재료

집간장

풋마늘

양파

매운 고춧가루

안 매운 고춧가루

볶은 참깨

참기름

1. 마당에 있는 장독대에서 간장을 4~5국자 떠옵니다.

+홍순 씨의 지혜

간장을 어찌 만드냐면, 일단 장독대에 메주를 차곡차곡 넣어. 그 위에 소금 녹인 물을 콸콸 부어주면 끝인 것이 간장이야. 소금물 농도는 날계란이 동동 뜰 정도로 맞추면 되고. 고추랑 숯도 몇 개 넣어주고~ 기다림의 멋이 있는 친구지.

2. 나눔 받은 풋마늘을 쫑쫑쫑 썰어서 간장에 넣습니다.

3. 다진 양파와 매운 고춧가루 크게 1.5숟가락, 안 매운 고춧가루 2.5숟가락도 넣어주어요.

+예하의 도움말

고춧가루는 꼭 국내산을 사용하라고 하셨어요. 씁쓸함이 없고, 그 맛이 다르답니다.

4. 잘 섞어주기만 하면 할머니표 만능 양념장 완성. 깨와 참기름은 먹기 직전에 조금씩 추가해서 먹어야 오래 먹을 수 있다고 해요.

+홍순 씨의 지혜

만능 양념간장, 참기름, 볶은 깨만 있으면 무슨 나물이든 맛있게, 빠르게 무칠 수 있어. 채수와 살짝 섞어서 참기름을 추가하면 비빔밥, 비빔면도 문제없지!

묵에 찍어 먹거나 잔치국수에 올려 먹어도 되고, 찌개 간 맞출 때, 쌈 싸 먹을 때, 나물 무침 등 안 써먹기가 더 어려운 매력적인 친구랍니다.

새롭게 등장하는 화려하고 자극적인 음식들 사이에서 세월을 견디고 지금까지 이어진 당신의 요리를 봅니다. 이 안에서 어렴풋이 느껴요. 만능이고 싶었던 건 간장이 아니라 우리를 위했던 그대의 마음이었다는 걸.

장아찌는 이렇게만 해

1. 집간장, 양조간장, 매실 액기스, 소주 = 1 : 1 : 1 : 1
2. 편 썬 마늘과, 깍뚝썰은 양파를 넣고
3. 방풍나물, 오이고추, 셀러리 등 계절에 맞는 재료를 넣는다.
4. 간을 보며 설탕을 넣고, 취향에 따라 청양고추를 추가한다.
5. 뒤적거려준 후 숨이 죽으면 냉장고에 넣어두고서 야금야금 먹는다.

너만 있다면

고추간장

주황빛 지붕과 초록빛 마당이 속삭이던 날. 넘실넘실 자라난 고추들과 그 고추를 바라보던 한 사람.
"아이고야, 이걸 다 어째?"
새로움을 두려워하지 않았던 한 사람의 과감한 선택.
"그래, 간장으로 담아버리자!"
이렇게 세상에 뚝딱 등장하게 된 고추간장이 얼마나 맛있던지, 매콤함을 사랑하시던 할아버지는 이 반찬 하나면 밥을 몇 그릇이고 먹었다고 해요. 뚝뚝 고추의 꼭지를 손질하며 오늘의 이야기를 열어봅니다. 고추와 간장 사이, 그리고 지붕과 마당의 속삭임을 들려드릴게요.

재료

매운 고추

안 매운 고추

갈은 양파
(혹은 다진 마늘)

집간장

들기름

1. 베이킹소다와 물 약간을 넣은 후 고추를 빨래하듯 박박 문질러줍니다. 물로 헹궈준 다음 소금, 식초를 넣어 한 번 더 문질러주어요.

+홍순 씨의 지혜

이렇게 깨끗하고 좋은 고추일수록 약을 많이 쳤다는 거야. 그러니 빡빡 씻어 먹으란 소리여.

2. 믹서기에 안 매운 고추를 숭덩숭덩 잘라서 너무 곱지 않게 갈아주어요. 이어서 매운 고추도 갈아요.

+예하의 도움말
안 매운 고추와 매운 고추의 비율은 1대 1 혹은 2대 1인데, 매운 걸 좋아하는 정도에 따라 조절하면 돼요. 저희는 1대 1로 했답니다.

3. 곱게 갈린 고추에 집간장 1대접을 부어주면 되는데, 나중에 고추에서 물이 나오기 때문에 많이 넣지 않아도 됩니다. 여전히 어려운 단어이지만 짜지 않도록 적당히….

4. 새로운 모험을 사랑하는 홍순 씨는 이번에 처음으로 다진 마늘 대신 갈은 양파를 추가했어요. 양은 똑같이 반 대접 정도. “원래 안 들어가는디 그냥 넣어보는 거여.” 양파와 마늘 중 하나를 넣어주세요.

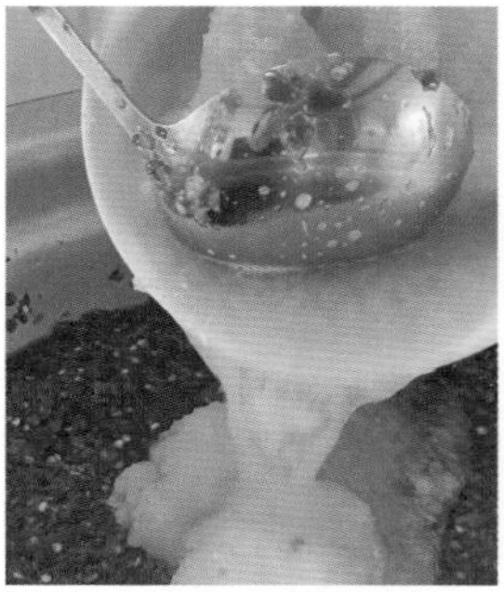

5. 직접 짜두었던 고소한 들기름을 반병 이상 통째로 콸콸. 간을 보니 살짝 싱거워서 간장 두 국자를 추가해주었답니다.

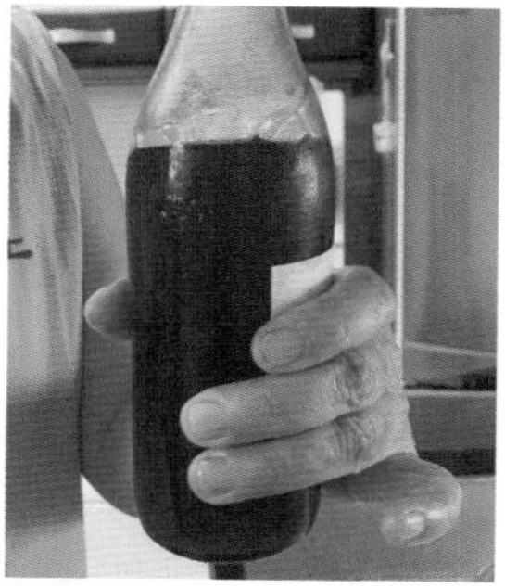

+홍순 씨의 지혜

처음엔 이걸 어찌 먹어! 싶을 정도로 매운데, 냉장고서 숙성시킨 후 먹으면 딱 알맞게 매와져. 적어도 2주 이상, 오래 둘수록 맛있어지는 간장이여.

6. 전체적으로 폭폭 끓어오르도록 잘 저어주면 간장, 고추, 들기름의 환상적인 만남이 이뤄집니다.

할머니 옆자리에 앉아 고추를 손질하셨다는 할아버지.

이제는 내 자리가 되어버린 이곳. 고추 하나, 들기름 한 병,

간장 한 방울에 스며든 마음을 먹습니다. 잊고 싶지 않기에

잊히지 않는 마음을 적습니다.

양철 지붕의 빗소리

깨가 데구르르

데구르르르, 떨어진 깨 하나가 뭐 별거냐며 무심히 지나갔던 사람과, 데구르르르, 떨어진 깨 하나에도 마음이 있으니 잊지 않고 소중히 주워 담았던 사람. 떠나간 자리에도 고소함이 묻어났던, 닮은 듯 달랐던 두 사람의 깨 볶는 이야기.
이 깨로 말하자면 홍순 씨가 자주 가는 회관 회장님의 친구분이 농사지은 국산 참깨입니다.

재료

참깨

1. 깨를 담은 통에 물을 자작하게 넣어준 다음, 물 위로 살랑살랑 휘저어가며 씻어줍니다.

+예하의 도움말
물 위로 떠오른 깨를 바닥에 닿지 않게 걷어내듯 체에 담아내는 게 중요해요. 물 아래로 가라앉은 불순물들과 섞이지 않게요. 불순물이 보이지 않을 때까지 씻으면 되는데, 저희는 다섯 번 정도 씻었어요.

2. 잘 씻어준 깨의 물기를 충분히 빼준 다음 그중 반쯤을 센 불에 볶아주어요.

3. 촉촉했던 깨에 서서히 물기가 날아가고 우리가 알던 깨의 모습이 보이기 시작해요. 깨 볶아지는 소리가 커지면 약불로 줄여서 계속 저어가며 볶아요.

+홍순 씨의 지혜

얇은 팬으로 볶으면 타! 두툼한 팬으로 해야 혀. 글고 적당히 넣어 여러 번 나눠 볶아야 골고루 볶아져. 귀찮다고 한꺼번에 많이 하지 말으란 말이여.

4. 타지 않도록 손이 보이지 않게 계속 저어주어요. 다 볶아졌는지 어떻게 아냐고요? "이거 하는디 뭔 시간을 재! 그냥 하나 눌러보면 되는 걸." 손으로 으깨 보았을 때 놀놀하면서 폭 으깨지면 고소하게 잘 볶아진 거랍니다.

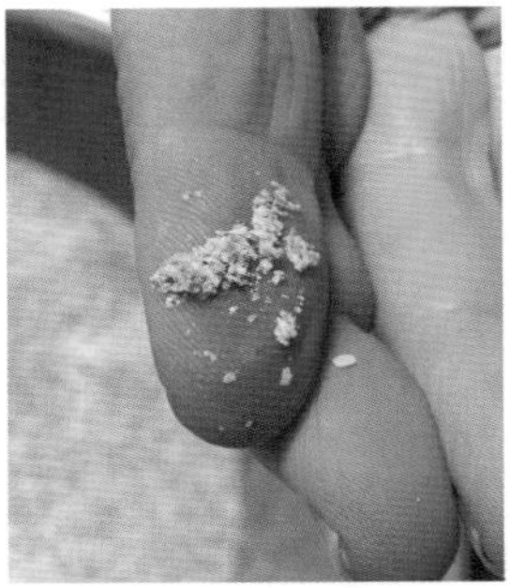

5. 잘 볶아진 깨가 식을 수 있도록 부채질을 해줍니다. 반쯤 남겨놨던 깨도 똑같이 볶아주세요.

타닥타닥 까슬까슬한 고소함이 집 안 한가득.

"나락 하나 깨 하나라도 보이면 다 주우시더라고 아버지가. 넘 챙겨주는 건 안 아까워하면서 하나하나 이렇게 흘린 건 다 주워 넣었어. 나도 보고 배운 거지. 뭐 하나 귀히 여기지 않으며 산 적이 없어."

떡을 위한 첫걸음마

팥고물

집에서 만든 빵을 주고받은 적 있나요? 저는 있습니다. 밥은 안 먹어도 빵은 잘 챙겨 먹었거든요. 그렇다면 집에서 만든 떡을 주고받은 적은 있나요? 잘 없으실 거예요. 요즘은 빵이 대세니까요.

저는 기념일에 케이크만큼이나 떡을 자연스럽게 주고받는 문화를 만들어가고 싶습니다. 오랜 시간 이어져왔던 우리만의 전통과 역사를 살려, 사라져가는 떡 문화를 알리고 싶어요. 떡을 빵처럼 만드는 어느 젊은이라니, 상상만 해도 멋지지 않나요?

할머니가 저보다 작았던 시절에는 특별한 날이면 시루떡을 집에서 해 먹었다고 해요. 이번 시간은 그 특별했던 날의 첫걸음마, 팥고물 수업이랍니다.

재료

팥

소금

뉴슈가

설탕

1. 국산 팥 한 되를 고봉으로 퍼서 소금 크게 1숟가락, 뉴슈가 반 숟가락을 넣은 후 약 2~3시간 물에 불려주세요.

+예하의 도움말

국산 팥을 써야 안 질기고 잘 익어요.

2. 잘 불은 팥을 센 불로 끓여주다가 끓어오르면 중약불로 줄인 다음 중간중간 저어주면서 계속 끓여줍니다. 간을 보았더니 단맛이 부족해서 뉴슈가를 추가했어요.

3. 그렇게 1시간 30분 즈음 끓여주다 보면 배가 고파지거든요. 팥을 덜어내 조청과 섞어서 간식으로 먹어줍니다.

4. 푸욱 익힌 팥은 먹어봤을 때 부드럽게 씹힐 정도로 익혀주면 돼요. 다 익었다면 불을 꺼주세요.

5. 4에 설탕 두 줌을 추가해서 어느 정도 팥알이 살아 있도록 주걱으로 으깨듯이 섞어줍니다.

+홍순 씨의 지혜

이때 팥이 질다 싶음 약불로 살살 볶아줘.

6. 널찍한 판에 골고루 펼쳐준 후 별 좋은 곳에 데려가 말리다가, 꼬들 보슬하게 말랐다 싶으면 주걱으로 뒤집어서 반대쪽도 말려주어요.

7. 볕 좋은 날 기준 3~4시간 정도 말리면 솜털처럼 보슬보슬 부드러운 촉감의 팥고물이 완성된답니다. 앞으로 얼마나 더 멋지고, 맛있는 떡들이 탄생할지!

내 아이의 건강 무탈한 앞으로를 위한 백일 떡, 우리에게 삶을 선물해준 대지에 대한 감사의 마음을 담은 떡, 혼례, 제례, 명절, 이사 떡 등 떡은 음식이면서 동시에 마음이기도 합니다.

떡을 주고받는 일은 마음을 주고받는 일이기도 하지요.

여러분들의 떡 속에는 어떤 마음을 담고 싶나요?

이렇게나 고소한 콩이라면

콩고물

타닥타닥. "이렇게 콩이 툭 하니 갈라지면 잘 볶아진 거야."
예전 같았으면 시간을 맞춰두고서 볶았겠지만,
여름도 풍성해졌겠다, 자연스레 할머니의 지혜를 따릅니다.
귓가에 울리는 타닥 소리. 갈라지는 콩 껍질. 입안 가득 느껴지는
고소한 내음으로 콩이 볶아졌음을 감각해요.
그럴싸한 이론도 없고 따를 만한 조리법도 없지만,
흐르는 계절을 온몸으로 감각하는 우리만의 여름 교실.
온 세상을 휘젓는 고소한 냄새, 이렇게나 고소한 콩이라면.

재료

백태

소금

설탕

1. 국산 백태를 깨끗하게 씻어서 물기를 충분히 빼준 다음 강불에 볶아주세요. 3~4분 후 전체적으로 팬이 달궈지면 중불로 줄여서 계속 볶아줍니다.

+홍순 씨의 지혜

많이 넣어서 오래 볶느니, 팬이 적당히 채워질 만큼만 넣고 두 번 볶는 게 나어.
급할 거 없으니 찬찬히~

2. 5분 정도 볶다가 불을 살짝 올려서 열심히 저어주다 보면 가운데가 톡톡 터지기 시작해요.

+예하의 도움말

콩이 제대로 익었는지 확인할 수 있는 가장 빠른 방법은 하나 먹어보는 것. 고소하게 씹어지면 된 거랍니다. 10분 정도 볶으니 딱 알맞더라고요.

3. 믹서기에 충분히 식힌 콩과 소금 반 숟가락을 넣어 갈아주세요. 너무 곱지 않게 약간의 콩 부스러기가 남아 있도록 갈아주면 좋아요.

4. 이렇게 만들어진 콩가루에 약간의 물을 넣어서 손으로 보슬보슬 물을 먹여준 후.

5. 얼기미에 한번 내려주세요.

6. 약간의 설탕과 섞으면 고소한 콩고물 완성입니다. 설탕을 미리 많이 넣지 않고 떡 할 때마다 흩쳐서 추가해주면 좋아요. 떡용으로 만들긴 했지만 콩물과 함께 먹어도, 샐러드에 뿌려 먹어도 맛있는 친구랍니다.

홍순 씨	뭐든지 그래.
예하	뭐가??
홍순 씨	난 뭘 하든지 안 된다고 생각 안 해봤어.
	하다 보면 다 되어!
예하	(끄덕끄덕)
홍순 씨	안 하니까 안 되는 겨. 시간은 거짓말 안 해.

3 장

가을

주황빛 햇살 머금은,
마음을 전하는 식탁

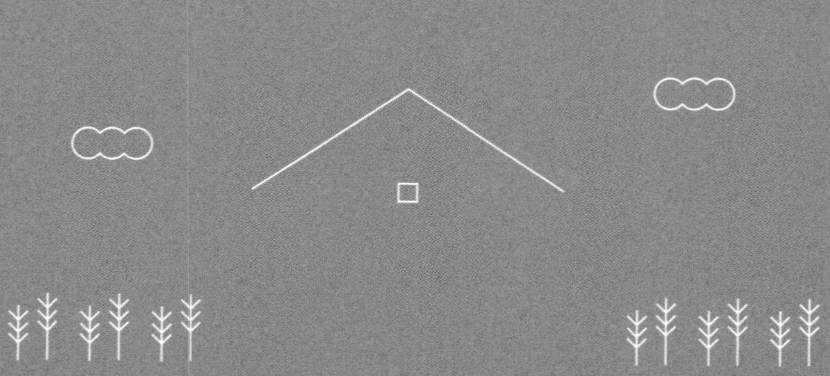

여름과 가을 사이

미역냉국

"가을 햇살이 좋아. 깨를 말려야겠어."
햇살 따라 사는 사람에게 헤아릴 수 없는 삶의 비법들을 배운다.
가령 밤은 윤기가 나며 큼직해야 한다거나, 호박을 살 땐 바닥에
흠이 있는지 확인해야 하고, 약속 시간보다 먼저 나가 있어야
인연이 길어지고, 깨 한 톨도 허투루 대하면 안 된다는
그런 것들. 헤아릴 수 없는 것들을 닮아가고 담아낸다.
여름인지 가을인지 헷갈리던 날, 주황빛 조명 아래에서 시작된
미역냉국 이야기.

재료

불린 미역
다진 마늘
사과
양파
청양고추
물
스프라이트 제로
(혹은 사이다)
사과 식초
설탕
소금

1. 30분 정도 불린 미역을 크게 두 주먹 정도 먹기 좋은 크기로 잘라줍니다. 바다 냄새를 숭덩숭덩 넣어주세요.

2. 다진 마늘 소복이 1숟가락을 넣어요. 마늘을 넣고 안 넣고의 맛 차이가 크답니다.

3. 오이나 배를 넣어줘도 좋은데, 오늘은 없어서 사과와 작은 양파 하나를 채 썰어 넣었어요.

4. 스프라이트 제로 한 캔을 부어주세요. 사이다를 넣어도 좋아요.

5. 청양고추 1~2개를 다져 넣고 물 2컵(1리터 안 되게)도 부어주세요.

6. 사과 식초 2국자, 설탕 1국자, 소금 1숟가락 넣어 잘 저어주면 바로 먹어도 맛있고 하루 지나서 먹으면 더 맛있는 미역냉국 완성입니다.

밥과 함께 먹는 미역냉국이 얼마나 큰 행복으로 다가오던지.
새벽 공기는 시원하고 낮엔 뜨거움이 올라오는 가을이라는
계절과 잘 어울리는 맛이라고 생각했어요. 따뜻한 밥상 위에
올려진 시원하고 뜨거운 계절의 맛을 전합니다.

잡채가 바다를 품는다는 건

미역줄기 잡채

"손이 많이 가는 것에 비해 맛 내기는 어렵고, 정감 있지만 평범해서 볼품없는 것." 잡채를 이렇게 표현한 분이 있었어요. 어쩌면 잡채는 번거로운 과정에 비해 볼품이 없어서 자꾸만 밀리게 되는 음식인지도 모르겠습니다.
요즘은 평범한 음식인 잡채가, 홍순 씨가 조그마한 아이였을 땐 잔칫날이나 결혼식에서만 만날 수 있는 음식이었다는 소소한 이야기를 들어요. 갖가지 재료와 탱글탱글한 당면, 윤기 나는 참기름, 고소한 깨가 더해진 잡채가 왜 그리 맛있었는지.
마을 사람들과 누리던 특별한 음식이었다고 해요. 그 기억 속 잡채를 살짝 변형한 수업을 시작합니다.

재료

당면
미역줄기
다진 마늘
양파
참기름
양조간장
설탕
볶은 깨

1. 미역줄기 세 줌 정도를 서너 번 충분히 씻은 후 하룻밤 동안 물에 담가둡니다.

+예하의 도움말
처음에 씻어서 담아둔 물 그대로 두어야 해요.
중간에 물을 교체하면 싱거워진답니다.

2. 참기름 듬뿍에 다진 마늘 1숟가락과 양파 1개를 채 썰어 볶다가 미역줄기를 넣어주세요. 비린 맛을 잡아주는 과정이에요.

3. 가위로 큼직하게 미역줄기를 잘라준 후 볶은 깨를 뿌리면 소금, 간장 없이도 간이 딱 맞는 미역줄기 볶음 완성.

4. 이대로 먹어도 맛있지만 자꾸만 잡채가 아른거려서 당면 한 줌을 삶기 시작했어요. 미지근한 물에 불려둔 당면을 끓는 물에 넣어 5분가량 끓여줍니다.

5. 너무 부드러운 상태 말고 조금 더 익히면 좋겠다 싶을 때 건져서 미역줄기가 있는 팬으로 옮겨주세요. 찬물에 헹궈서 넣으면 탱글탱글하니 더 좋답니다.

6. 양조간장 3~4숟가락, 설탕 2숟가락을 넣어준 다음 중간중간 가위로 잘라 골고루 섞으며 볶아주세요. 향을 음미하며 볶다 보면 미역줄기 잡채 완성입니다.

"바다를 처음 본 날 이런 세상이 다 있구나 싶었어."

산골 마을에서 자란 할머니에게 바다는 또 다른 세상이었어요. 광활해서 그 끝에 뭐가 있을지 상상만으로도 심장이 두근거리던 세상. 그때 그 세상은 기억 너머 가물가물해졌지만, 설레던 첫 마음은 오래도록 기억에 남아 있더랍니다. 미역줄기를 만나던 날의 잡채가 나지막이 속삭입니다.

"바다를 품은 이 마음만을 잃지 말라고. 나를 기억해달라고."

칡꽃이 오면 좋겠다

"그 시절이 한 번 더 오면 좋겠다."

"언제길래 그렇게 오길 바란디야?"

"어린 시절은 뭐 하나 미련이 없는데, 너 조그마할 때 온 식구가 통나무집으로 놀러 간 적이 있었어. 어느새 나보다 커진 아가들이 부모가 되어선 너희를 보고 웃는데 '지금이구나.
다시 오지 않을 행복이구나' 싶더라고. 어제보다 선명하게 느껴지기도 해. 같이 밥 먹고 웃으면서 그네도 타고.
나는 그네가 그렇게나 좋더라. 타고 있으면 자연으로 휘익 날아가는 기분이거든. 날아가는데 날아가지 않아. 손에 있는 주름 생각이 안 나. 오동나무에 걸려 있던 그네를 고쳐주던 아버지 옆모습만 생각나."

ㅇㅇㅇㅇ

그네만 보이면 타고 가자며 내 옷자락을 이끌던 할머니가 처음엔 의아했고, 이제는 기꺼이 함께 날아가기로 했던 날. 가지 고추장과 함께 먹는 칡꽃 주먹밥. 오동나무에 걸려 있던 그네를 떠올리며 먹는 가을의 보랏빛 아카시아.

✿ 칡 탐구 생활

칡은 버릴 것이 없는 식물 중 하나인데 씨앗은 갈곡, 새순은 갈용, 꽃은 갈화, 뿌리는 갈근이라고 해요. 차례대로 가을, 봄, 여름, 겨울에 먹지요.
칡꽃은 알코올 분해 능력이 있어 간 건강에 좋고, 식물성 에스트로겐(이소플라본)이 풍부하여 갱년기 여성에게 좋답니다.
단, 찬 성질을 가지고 있어 몸이 차신 분들은 적당량만 먹도록 주의하세요.

구석구석에 숨긴 보름달

춥지 않냐며 서로의 이불을 당긴다. 말보다 손이 빠르다.
계단 내려갈 때 넘어지면 다치니 살살 내려와. 거기엔 간장을 넣어야 맛있더라. 좀 가져다줄까? 태양처럼 든든한 내 친구들. 하나라도 더 주지 못해 아수운 내 친구들. 너희들과 보름달 아래 돗자리를 펴고 달을 바라본다. 아이가 건강하게 자라나게 해주오. 세상 모든 복이 아이들에게 쏟아지게 해주오. 우린 어쩜 소원도 비슷한지, 눈물도 많고 사랑도 많지만 나를 위하는 법은 왜 그리 어려운지. 남은 생은 재미나게 살아보자고 서로의 어깨를 토닥인다.
이건 할머니들의 우정 이야기다. 홍순 씨가 입이 닳도록 이야기해주는 친구들 이야기.

ㅇㅇㅇㅇ

가을의 달빛이 가장 좋은 밤, 추석. 아빠가 선물해주셨던 메밀가루를 곱게 개어 구운 메밀전병에 갖가지 나물을 올렸다. 고구마줄기와 고사리 같은 것들. 호박꽃, 잡곡밥, 고소하게 볶은 땅콩을 추가하여 나물도 색다르게 담는다. 이국적인 향긋함을 더하기 위해 얹은 딜, 호박죽과 칡꽃. 구석구석 숨긴 추석. 보름달보다 밝았던 9월의 순간들.

호박 타코와 무화과 브륄레, 노란 귀리밥

"할머니, 만약 오늘이 인생의 마지막 날이래. 그럼 우리 뭐 해볼까?"

일찍부터 일어나 산책을 해야겠다. 조금은 선선한 바람이 불 테니까. 고민으로 지새웠던 하늘을 마주 봐야지.
꽃이 무성히도 떠다닐 테니. 그리고 너랑 같이 밥을 맛있게 해서 먹을 게야. 우리 집 냉장고가 빵빵하잖아. 한도 끝도 없이 억울한 마음 접어두고 정신없이 바쁘게 돌아다니겠지. 누구 미워할 시간이 어딨어. 그저 건강히, 어제 보던 드라마를 끝까지 볼 수 있었으면.
잠은 못 잘 것 같아! 뜬눈으로 밤을 새우다가 흘러간 세월 한 번, 너 한 번 보고 또 보겠지?

ㅇㅇㅇㅇ

귀리와 찹쌀을 섞어 지은 밥에 강황으로 노란 빛을, 밤으로 가을을 더했다. 과카몰리 말고 호박몰리와 호박 살사소스를 올린 호박 타코. 사과와 배가 들어간 미역냉국, 청국장 가루를 뿌린 무화과 브륄레와 들기름 케일 샐러드, 고추간장과 고춧잎 무침 속에 우리의 바람을 담았다.

호박죽인지 그리움인지

할머니와 함께하는 요리를 기록하다 보니 정확하지 않은 레시피로 난감한 순간들이 있어요. 이랬다저랬다 하면서 계속해서 달라지는 비율과 예측할 수 없는 흐름은 저를 떨리게 만들고는 하거든요.
할머니의 음식을 배우려고 이곳에 왔지만 결국 내가 배우고자 한 건 이렇게나 자연스럽고 소박한 삶이었지, 라는 마음으로 순간을 살아내고 있습니다.
이번 시간은 할머니의 할머니로부터 이어진 호박죽 수업입니다.

재료

단호박
땅콩호박
삶은 팥
물
소금
설탕
찹쌀가루

1. 홍순 씨의 옛 맛을 기억하며 늙은 호박으로 하려다가 냉장고 구석에 있던 단호박과 땅콩호박을 먼저 사용하기로 합니다.
껍질을 벗겨 먹기 좋게 자른 호박(약 800그램)을 냄비에 넣습니다.

+홍순 씨의 지혜
호박을 잘라서 넣어줘야 포옥 익어. 귀찮아도 손 조심해가며 잘라요.

2. 호박이 자작하게 잠길 정도로 물을 부어준 후(물은 약 1.3배) 뚜껑을 닫고 중불에 끓여주어요. 호박에 숟가락이 들어갈 정도면 됩니다.

3. 10분 정도 익혀주니 딱 좋았어요. 부드럽게 익은 호박을 곱게 갈아주세요.

4. 소금 반 숟가락과 설탕 3숟가락을 넣어요.

5. 찹쌀가루 세 줌 정도를 눈처럼 흩날리며 뿌려주고, 부드럽게 삶아뒀던 팥도 한 움큼 넣어요. 용암처럼 튀어 오르니 뚜껑을 방패 삼아 잘 저어주세요.

+홍순 씨의 지혜

죽은 끓일 때 나무 주걱으로 저어야 해. 아니면 삭아버려 안 좋아! 엔간하면 나무로 하라는 말이여~

"우리 할머니가 호박죽을 얼마나 좋아하셨냐면, 가마솥으로 한가득씩 끓여서 그것만 내내 드셨어. 마지막 한 그릇은 늘 할머니 몫이었지. 우리 할머니 그 고왔던 얼굴을 기억해. 결혼하실 때 마을 사람들이 쫘악 나와서 구경하러 올 정도로 고우셨디야. 참말로 요 호박 빛깔보다도 고우셨디야."

끓어오르는 진심

들깻국

홍순 씨의 기억 속 할머니와 할아버지가 사랑하지 않고는 배길 수 없었다는 들깻국 이야기. 할머니가 어렸을 때는 들깻국에 쌀을 넣어 죽으로도 먹고, 따뜻한 밥과 비벼서 입 주변이 하얘지는 것도 모를 정도로 맛있게 먹었다고 해요. 저도 마찬가지고요. 50년만 늦게 태어나지 그랬냐는 저의 장난에 진짜 그럴 걸 그랬다는 눈빛을 보여주시던 보통 날의 대화를 되뇌며 가장 크고, 가장 평범하던 날의 진심을 기록합니다.

재료

생들깨

물(혹은 채수)

무

양파

토란

소금

찹쌀가루

다시마(선택)

1. 통에 물을 넣고서 들깨(약 1.5컵)를 좌우로 흔들며 체를 받치고 천천히 부어줍니다. 마지막에 흙과 모래 등 이물질을 남으니 한꺼번에 붓지 않도록 해주세요. 바닥에 흙이 보이지 않을 때까지 2~3번 정도 반복해주면 된답니다.

+홍순 씨의 지혜

들깻가루 말고 생들깨를 써야 고소해.
그리고 이렇게 한꺼번에 씻어서 말려둠
두고두고 먹기 편해. 할 때마다 씻기 힘들잖여.

2. 부드럽게 갈릴 정도로만 물을 넣어 곱게 갈은 들깨를 다시 물과 섞어줍니다.

+홍순 씨의 지혜

물을 많이 넣음 곱게 안 갈리니 갈은 후에 더 섞으셔~ 채수에 갈아주면 더 좋아.

3. 갈은 들깨 물을 고운 체에 부어 뽀얀 국물을 뚝뚝. 남은 들깨에 물을 붓고 걸러내기를 반복해요.

+예하의 도움말

뽀얀 물이 나오지 않을 때까지 하면 되는데 저희는 3~4번 정도 하니 딱 맞더라고요. 필수 과정은 아니지만 거르면 더 부드러워요.

4. 쫑쫑 썰은 무와 양파로 들큼함을 더하고, 10년 묵은 보물인 소금 반 숟가락을 넣어 간을 맞춥니다.

5. 그냥 던지듯 말한 저의 한마디를 기억해 손질해서 얼려놨다는 토란도 기꺼이 넣어줍니다. "네가 토란 맛있다고 해서 이빠이 해놨지 뭐."

6. 찹쌀가루 한두 줌을 넣어 되직한 농도를 맞추고, 채수를 못 넣어 아쉽다는 할머니를 위해 다시마도 반 조각 넣어 끓이면 완성입니다.

고소함으로 물들어가는 세상에서 두 사람을 상상해요.

50년만 늦게 태어난 할머니가 아니라 50년 일찍 태어난 저를요.

만발한 들깨꽃 사이를 걸으며 들깨 꽃다발을 만들고, 들깨를 털고, 들깻국을 나눠 먹었을까요? 결혼하지 말고 나랑 살자며 할머니의 바짓가랑이를 붙잡았을지도 모르겠습니다.

진심으로 눌러 담은 마음의 크기를 알아갑니다. 이 들깻국은 진심으로부터 시작된 이야기입니다.

낭만 들깨 칼국수

"힘들고 외로와도 밥은 든든히 먹어야 해. 그래야 또 일어설 힘이 나지. 자 요것도 먹어봐 어여."
밥심이라는 단어의 힘을 아냐고 물으셨다. 수없이 넘어지고, 수없는 눈물을 훔쳐왔지만, 따뜻한 밥 한 끼가 지금의 나를 만들고 어여쁜 너를 만나게 했다고.

내 낭만도 너이고 전부도 너이니 어디 가서 굶지 말고 밥만 잘 챙겨 먹어. 좋은 말로 할 때!

ㅇㅇㅇㅇ

그러니 다들 밥 잘 챙겨 먹어요. 좋은 말로 할 때! 쑥가루를 넣어 뚝딱 만들어낸 칼국수면에(〈쑥 칼국수는 평범해〉 34쪽에서 배운 면이죠.) 할머니에게 배운 들깻국을 쫀쫀해질 정도로 졸여서 부었다. 깨와 구운 김가루도 와르르. 한 입 먹어보니 가을의 고소함이 전부 쏟아졌나 싶어서 한참을 두리번두리번.

들깨의 꽃,
호박잎말이

신호등 앞에 덩그러니 놓여 있는 의자. 집 앞 한편에 자리 잡은 의자. 엉뚱한 길목에 누워 있는 의자. 이 동네엔 의자가 많다. 주인이 있는 듯 없는 듯 누군가의 다리가 되어주는 의자들. 그 곁에서 내가 발견한 건 호기심 혹은 외로움이었다. 하이얀 의자를 찾아온 어르신에게 인사를 드린다. 다정하게도 휘어지는 두 눈을 바라보며 머리가 하얗게 센 나를 생각했다. 할머니가 된 나도 어느 한쪽에 의자를 펼쳐 놓고서 저만큼 멋지게 웃으려나. 그때도 요리를 사랑하려나. 눈 감고도 하늘을 바라보려나. 홍순 씨를 닮은 손을 가지고 있을까나.
"자주 찾아올게요. 저랑 이야기해요."

∘○∘○

가을 이맘때 찾아오는 들깨꽃을 바사삭 튀겨냈다. 깻잎이 피어나고 진 자리에 남은 들깨의 꽃을 튀김가루에 털듯이 묻혀 가볍게 튀겨낸 요리. 톡톡 터지던 계절이 하루를 뒤덮는다. 고추간장과 들기름에 비벼낸 밥과 구운 견과류, 달짝지근하게 볶은 가지를 호박잎에 돌돌돌. 새벽 공기만큼 시원했던 냉국도, 어디선가 마주쳤던 의자도.

노란 연근 피자 그리고 청귤즙

요즘 할머니와 함께 수영을 배우고 있다. 투명한 물보다 맑게 웃을 줄 아는 우리 홍순 씨는 기초반의 막내다. 무조건 도와드려야겠다는 생각에 손을 잡아주고, 등을 밀어주는 걸 당연하게 생각했는데 그런 내게 넌지시 건넨 한마디.

"나 할 수 있어. 혼자 해볼래."

나의 손길을 밀어내고서 성큼성큼 나아가는 할머니의 뒷모습을 바라본다. 나의 꿈과 같은 당신의 발자국을 따라 걷는다. 당신이 못 해낼 거라고 단정 지은 나 자신에게 놀란다. 지나온 당신의 발자국을 더듬다 내가 첫걸음마를 뗄 때, 그저 예쁘고 기특해서 세월아 네월아 기다려주던 당신을 기억해냈다.

。°。°

부드러운 도우와 매콤한 토마토소스, 식물성 치즈, 가볍게 데쳐서 강황가루에 버무린 노란 연근과 제주에서 날아온 청귤즙으로 마무리하는 상큼한 피자. 이제는 내가 할머니의 응원이 되고 싶어서, 조각처럼 올려진 청귤을 집어 온 세상에 상큼함을 흩뿌렸다.

'무'로 말할 것 같으면 ◦ 1

무전

나에게 무는 이런 친구다. 나물로 먹으면 도무지 질리지가 않는 애, 자글자글 끓여지던 찌개의 밑바닥에서 양념을 가득 배어 주연만큼 빛났지만 조연으로만 불리던 애, 가을밤이면 할머니가 초콜릿보다도 맛있게 잘라 먹던 그런 애.
이왕 누군가의 조연이 되어야 한다면 찌개 밑바닥에 깔려 있던 무만큼만 멋진 조연이 되어줘야겠다는 생각을 했다. 주인공이 아닌 조연의 마음으로 세상의 멋과 맛을 담아내며 이 달큼함을 전할 수 있도록.

"이 가뭄에 잘도 자라나줬구나"라고 웅얼거리시던 할머니의 속삭임과 함께 시작하는, 할머니의 아버지가 사랑하셨던 배추전보다도 맛있는 무전입니다.

재료

가을 무
튀김가루
감자전분

1. 무를 0.5센티 정도로 둥글넓적하게 썰어주세요.

+홍순 씨의 지혜

무는 저 초록 부분이 달어. 이왕이면 초록 부분이 넓은 걸 사. 저 부분은 뭘 해도 맛있거든.

2. 썰어준 무를 찜기에 넣어 5~8분 정도 쪄주어요. 젓가락이 폭 들어갈 정도로 익으면 된답니다.

3. 튀김가루와 찬물을 비슷한 비율로 넣어 살짝 되직하게 개어준 후 찐 무에 골고루 묻혀 구워주면 끝이지만, 껍질이 잘 벗겨지는 점이 아쉬워 조그마한 지혜를 더해봅니다.

4. 바로 감자전분을 묻힌 다음 튀김옷을 입혀주는 건데요, 튀김가루는 간이 되어 있기에 따로 소금을 넣지 않아요.

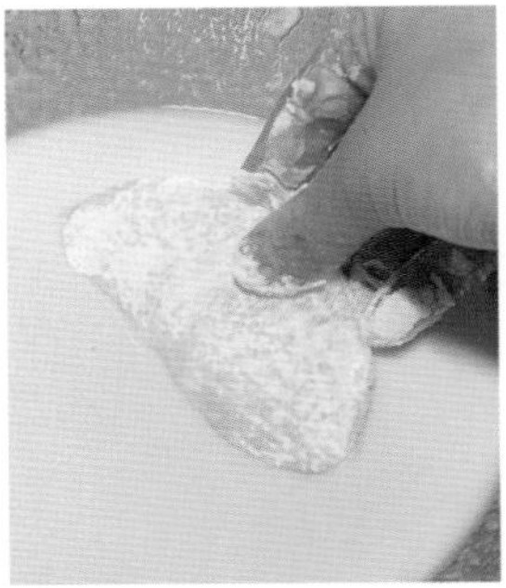

5. 전분을 묻히고 구우니 확실히 튀김옷이 착 달라붙어 있고, 쫀득함과 바삭함이 느껴집니다.

감자전보다 부드럽고, 설탕 한 톨 들어가지 않았다는 사실이 그저 놀라운 진한 달큼함의 무전. 조연이 아닌 주연으로 내딛는 무 요리의 시작입니다.

'무'로 말할 것 같으면 ◦ 2

무나물

"할머니, 있잖아, 주어진 것들이 많으면 많을수록 사람들은 불행해지는 것 같아. 나는 할머니의 이야기를 듣는데도 도무지 상상이 안 가. 먹을 게 없어서 밭에서 키운 것들을 내리 먹었다거나, 핸드폰이 뭐야 인터넷도 텔레비전도 없고, 여자라는 이유로 학교도 안 보내주고, 하고 싶어서가 아니라 해야만 했던 그런 일들. 할머니가 살아온 시대와 비교하면 더없이 풍족한 시대인데도 밥 굶을 일보다 과식이 문제로 떠오르고, 조금만 달라도 좌표를 들이밀며 손가락질하고, 어느 게 최선인지 비교하고 또 비교하다 결국엔 한 발짝도 움직이지 못해. 세상천지가 정보투성이인데도 사람들은 어떻게 살아야 할지 모르겠다네. 할머니는 어떻게 생각해요?"
"거거 무나물부터 만들고 말해줄게. 이거부터 썰고 있어!"

참기름 한 방울 없이도 고소한 무나물 수업을 시작합니다.

재료

무

양파

콩나물

양파 줄기
(혹은 쪽파)

소금

볶은 참깨

1. 무 1/3개 정도를 너무 얇지도 두껍지도 않게 가지런히 채 썰어주고 양파 1개를 썰어 냄비에 넣습니다. 콩나물도 한 줌 크게 넣어주면 좋아요.

2. 소금은 이만치.

감이 조금 오시나요?

3. 물은 냄비 위쪽이 아닌 아래쪽이 자작하게 잠길 정도만 넣어요.

4. 강불로 끓이다가 전체적으로 끓어오르면 약불로 줄여서 끓여주세요. 10분 정도 끓이고서 5~7분 정도 뜸 들이니 아삭하면서도 부드러운 게 딱 맛있었어요.

5. 양파에서 자라난 줄기들을 쫑쫑 썰어 올리고, 고소하게 볶아진 참깨도 뿌리고 나면, 참기름보다도 진한 고소함이 부드러운 마무리를 담당해주어요.

오늘 밤은 쉬어보지 않겠냐며 내 등을 토닥여주는 것만 같아서, 속이 편안해지는 그런 맛이랍니다.

"사람은 마음이 참 중요해."

"어떤 마음?"

"내가 가지고 사는 마음, 사람들에게 보이는 마음, 그리고 잊지 않는 마음. 1년에 떡 먹는 날이 두 번이었어. 설이랑 추석. 그때 먹는 떡이 얼마나 입에서 살살 녹던지… 그런 맛이 세상에 또 있을까 싶더라고. 네가 처음 커다란 곰 인형을 안았을 때 세상을 가진 기분이었다고 했지?"

"응. 세상이 다 내 거 같았지."

"어떻게 살아야 할지 모르는 게 아니라 곁에 있는 것들을 잊어서 그래. 이미 가지고 있는 것들을 보지 못하는 거지. 너무 달라붙어 있다 보면 보이지 않는 법이니. 그리고 방법이 어딨어! 그냥 살고 보는 거야."

멈춰 서서 껌딱지처럼 붙어 있던 것들을 하나씩 열어보는 밤. 내가 사랑하는 것, 내가 사랑하지 않는 것, 내가 그려왔던 길의 흔적. 나로부터 시작해 나를 찾아 헤매는 여정.

그래, 그냥 살고 보는 거야!

'무'로 말할 것 같으면 ◦ 3

무떡

“나를 닮은 채소가 있을까?”라는 질문에 갖가지 채소들을 떠올리다 끝내 제 머릿속에 남은 건 ‘무’였어요.
매운맛이 강한 여름 무는 맛이 좋다고는 할 수 없지만 냉장고에 하나씩은 지녀두는 채소이고, 인삼보다 좋다는 가을 무는 단단한 달콤함이 진해요. 여름에 매웠던 그 맛이 어디 갔나 싶어질 정도죠.
같은 자리에서 같은 모습으로 계절 따라 익어가는 무가 저와 닮았다고 생각했어요. 겉보기엔 그대로이고, 무엇 하나 달라지지 않은 것만 같아도 사실은 나아가고 있으니까요.
우리네 삶과 닮은 무, 그 안의 무떡입니다.

재료

무

팔고물

습식 멥쌀가루

설탕

1. 쌀가루(약 7컵)의 뭉친 부분을 눈을 만지듯 손으로 잘 비벼 풀어줍니다.

2. 무를 채 썰어 네 줌 정도 넣어주세요.

3. 무를 사랑하는 만큼 설탕을 넣어 잘 버무려줍니다.
"사랑하는 만큼이면 얼마큼이여?",
"나도 몰라. 즉당히~"

+홍순 씨의 지혜

모든 떡의 설탕은 마지막에 넣어야 해. 찌기 직전에 휘리릭. 안 그러면 녹아서 안 좋아. 한 꼬집 먹었을 때 살짝 달달하다 싶으면 간이 맞는 거니 차차 감을 만들어보라고~

4. 찜기에 면포를 깐 후 팥고물을 빈틈없이 고르게 펼칩니다. 왠지 낯선 무와 떡의 만남을 상상하면서요.

5. 펼친 고물 위에 버무린 무를 올리고 위에 다시 고물 이불을 덮어주어요.

6. 사이사이 깊은 정성이 숨어 있는 떡을 불 위로 올려 중강불로 20~25분 정도 쪄줍니다. 젓가락으로 폭 찔렀을 때 가루가 묻어나지 않으면 잘 쪄진 거랍니다.

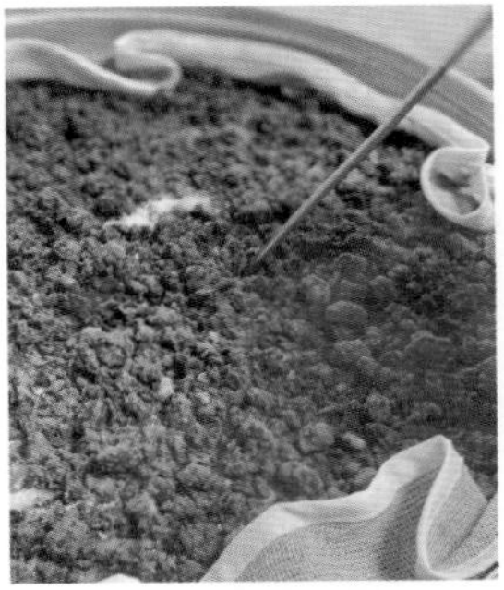

"무를 쫑쫑 썰어서 떡에 넣어가지고 팔 살살 뿌려 쪄 먹으면 입에서 살살 녹아. 가을에 해줄게."

올 초 할머니의 요리학교에 입학했을 때, 할머니가 무떡 이야기를 해주셨어요. 저 한마디가 지금까지의 저를 만들었다고 생각해요. 무떡이 너무 먹어보고 싶었거든요.

대단하지 않더라도 계속해서 나아가는 일. 걸으며 올려다본 하늘과 땅에서 요리를 상상하고, 다가오는 계절을 느끼는 일. 온 가을이 쏟아졌던 무의 이야기들.

비트와 무 샐러드

응용 요리

재료

비트

가을 무

유자청 2숟가락

화이트와인 식초 1숟가락

올리브오일 1숟가락

소금 약간

1. 비트에 포일을 씌워 180도로 맞춘 에어프라이어에 30분 정도 굽습니다.

2. 구운 비트의 껍질을 벗긴 후 무와 채 썰어서 섞어요.

3. 나머지 재료를 골고루 섞어 먹기 전에 버무려줍니다.

- 비트를 구우면 단맛이 올라가고 부드러운 맛이 좋아요. 얇게 썰어 샐러드로 먹으면 좋답니다.
- 맛 좋은 가을~겨울 무를 사용합니다.

"넌 어찌 그리 지치지도 않고 요리를 해? 참 신기해."

"음… 냉장고에 묵혀두면 썩잖아. 저기 뭐가 들어 있는지 다 아는데 가만히 있기는 아깝더라고. 당연히 요리하기 싫은 날도 있어. 하면 할수록 눈은 높아지고, 기대에 못 미칠까 봐 불안한 날도 있고. 그래도 하다 보면 뭐든 만들어지니까. 나도 무 샐러드가 이렇게 맛있는 줄 어제까지는 몰랐거든."

햇살에게 보답하던 날

친한 친구와의 통화를 마치고 문득 할머니의 친구에 대해 궁금해졌다.

"할머니는 제일 친한 친구가 있어?"

"응, 있지. 너잖아."

망설임 없는 당신의 대답.

"아니, 나 말고~"

"그럼, 이. 예. 하!"

활짝 웃으며 내 이름을 말하는 할머니. 내가 세상에서 제일가는 친구라는 홍순 씨.

ㅇㅇㅇㅇ

뜨겁게 익어가던 장독대 뚜껑을 바라보다 햇살에 보답하고 싶어져 요리를 시작했다. 내 시작은 항상 이런 식이다. 연근을 넣어 지은 밥엔 참외 장아찌를 올리고, 갓 짜온 들기름에 버무린 오이와 매콤한 고구마줄기 무침, 방아 후무스를 넣어 튀긴 연근과 설탕 솔솔 고추부각, 참깨와 사과를 갈아 만든 소스와 샐러드, 문경에서 온 친구의 오미자차. 나의 햇살, 홍순 씨에게 보답하던 날.

버섯과 가지 초밥

딸이 일곱, 아들이 둘. 형제자매만 아홉이었다는 할머니는 그중 셋째 딸이다. 아래위로 치여서 이러지도 저러지도 못했던 셋째 딸. 어린 날의 홍순 씨는 멋진 사람이 꿈이었다. 아들이 아니라 대학은 꿈도 꿀 수 없었지만, 멋진 사람으로 자라나 집을 멀리멀리 벗어나고 싶었다. 최대한 멀리, 빠르지 않게. 실을 길게 꿰면 멀리 나가 산다는 말을 믿었던 사람. 딸이라는 이유로 겪어야 했던 쓰라렸던 세월을 웃으면서 말하는 사람.
"세상이 나아져서 다행이지. 네가 힘든 거보단 내가 힘든 게 나아. 고집스러운 세월을 살았더니 여전히 고집스러운 것들이 많지? 세상 모든 딸들이 기죽지 않고 살았으면 좋겠어. 멀리멀리 큰 세상을 향해 날아가면 좋겠어."

ㅇㅇㅇㅇ

엄마에게 음식 사진을 보여줬더니 '마지막 가을이 남긴 단아한 마음'이라는 근사한 이름을 붙여주셨다. 단촛물로 버무린 흑미밥과 살짝 구운 가지와 버섯을 간장, 조청, 맛술, 식물성 굴소스, 후추를 넣은 양념에 졸였다. 구수한 된장과 단아한 가을의 흔적들.

배추 속에 내려앉은 가을

"나는 서서히 끝나가는걸."

그 사람은 본인의 지난 세월 이야기만 나오면 눈물을 훔치신다.

눈물을 닦는 대신 마주 본 두 눈과 함께 맞잡은 손.

"할머니, 끝이 아니라 시작이고, 그 주름은 내가 가장 닮고 싶은 흔적이야. 당신의 아이로부터 이어진 나도 이렇게나 듬직하게 커가고 있으니 이건 다아 우리 홍순 씨 덕분이야."

한 장의 배춧잎으로 시작된 김밥 속에 스며든 하늘도, 메밀꽃을 쥔 당신의 손에 눈길이 가는 이유도. 할머니가 온 세상에 뿌려둔 씨앗 같아요.

ㅇㅇㅇㅇ

시장 한쪽에 누워 있던 배추를 품에 안고서 집으로 향한다.

김치를 할 거냐는 할머니의 물음에 김밥이라는 대답을 전했다.

비트 감자볶음, 매콤한 콩나물 무침, 고추간장에 비벼낸 밥이 한곳에 모이니 맛이 없을 수가 없더라.

+ 배추김밥 만들 때 참고

- 배추는 간간한 소금물에 데칠 것.
- 배추 안쪽에 라이스페이퍼를 깔아주면 쫀득함이 살아난다.
- 속 재료에 한계를 두지 말자. 뭐든 넣어서 말 수 있다는 게 김밥의 매력이므로.

울 동네 인기쟁이

배즙

"지금 울 동네 할매들 다 요거 만들어두고 있어. 으디든 넣으면 참 좋거든 요게. 동치미고 김치고 참말로 좋아! 그냥 먹어도 좋고. 우리도 함 만들어볼까?"

문 앞에 놓여 있던 노란 바구니로부터 출발한 이야기.
이건 홍순 씨의 친구분이 선물한 직접 농사지은 배로부터 시작되었답니다.

재료

배

1. 귀한 배 껍질을 동글동글 결에 맞춰 깎아줍니다. 총 20개 정도 준비해줬어요.

+홍순 씨의 지혜

배 껍질은 버리지 말고 흙에 파묻어두면은 내년에 쓸 귀한 거름이 되어줘. 난 이따 파묻을 겨.

2. 채칼에 삭삭 밀어주는데 배가 보드라워서 정말 잘 밀리더라고요. "가을 배는 참 보드라와. 좋은 말로 할 때 하나 먹어봐."

3. 중약불에 뭉근히 끓여주기 시작해요. 한 번씩 저어주며 1시간 정도 끓여주고 나면 부드러워진 배가 다 으깨져 죽처럼 되어 있답니다.

4. 식을 때까지 한참을 두었다가 충분히 식은 배 물을 고운 체에 내려주세요. 처음의 모습이 온데간데없이 사라질 정도로요. 세상에서 제일 귀한 손으로 꾹꾹 남은 한 방울까지 짜내기로 합니다.

5. 면포에 배 찌꺼기를 집어넣고서 늙은 호박 하나, 밤새 내리 눌러두면 울 동네 할머니들의 마음을 빼앗은 배즙 완성!

먹을 만큼 냉장실에 두고 나머지는 얼려서 보관했다가

필요한 만큼 꺼내 쓰면 된답니다. 동치미, 무생채, 국물김치,

샐러드 드레싱, 갈증을 달래줄 간식 등 어디에 써도 참말로

좋다는 우리 동네 인기쟁이 배즙.

키위 장아찌가 참 좋아

어느 날 할머니가 한 대야 넘치게 키위를 받아오셨어요. 할머니의 친구분 첫째 따님의 마당에서 재미로 심은 키위나무 두 그루가 한가득 열매를 맺는 바람에 할아버님이 열심히 따셔서 저희 집까지 전해졌다고 하네요.

홍순 씨 예하야, 신나게 받아오긴 했는데 요걸 다 어째?

예하 할무니, 내가 찾아봤는데 키위 장아찌가 맛있다네?

홍순 씨 키위 장아찌?

예하 매실 장아찌 같다는데. 나도 궁금해!

홍순 씨 안 해봐서 걱정시럽긴 한데… 너랑 하면 뭐든 되니까!

(이미 옮겨지는 키위)

재료

키위

소금

설탕

소주

1. 나무껍질 같은 키위 껍질을 쓱싹쓱싹. 칼로도 해봤는데 감자칼로 깎는 게 제일 편했어요.

+예하의 도움말

키위와 참다래는 같은 과일, 다래는 다른 과일이에요. 수입 키위와 국내에서 생산한 키위를 차별화하기 위해 참다래라는 명칭을 붙였다고 해요. 다래는 키위와 같은 다래나무과인데, 키위와 달리 털이 없고 크기가 작아요. 꽃의 크기도 잎의 형태도 다르답니다.

2. 껍질을 벗긴 키위를 생수로 씻어준 다음에 동글납작하게 자르거나, 4등분 혹은 6등분으로 잘라주어요. 크기가 큰 편이라면 8등분 해주세요.

3. 손질한 키위 5킬로그램 기준으로 소금 1숟가락 반 정도를 넣어 골고루 버무려준 후 1시간 정도 절여주고 나면 키위에서 수분이 빠져요.

4. 채반에 걸러 수분을 충분히 제거해준 다음 설탕을 부어주세요.

+예하의 도움말

1대 1 기준으로도 하던데, 저는 너무 단 건 싫어서 키위 5킬로그램에 설탕 3.8킬로그램 정도 넣었어요. 이왕이면 흰 설탕이 아닌 비정제 설탕을 사용해주세요. 설탕 하나로도 감칠맛이 달라지곤 하거든요.

5. 홍순 씨와 저의 사이처럼 오래오래 변함이 없도록 소주 반병도 넣어줍니다.

6. 이렇게 담가진 키위 장아찌를 5일에서 10일 정도 실온 보관하며 설탕을 녹여줍니다. 하루에 한 번씩 위아래로 섞어주면서요.

7. 설탕이 다 녹았다면 냉장고에서 1~2주 정도 더 보관해준 다음, 과육이 청에 자작하게 잠길 정도로 부어 쭉 냉장 보관하면 됩니다.

8. 저희는 못 참고서 무쳐 먹어봤는데도 별미더라고요. 꺼내두면 신맛이 강해지니 미리 무쳐내지 말고 먹을 만큼씩 꺼내두는 게 좋아요.

식전에 입맛을 돋우는 용으로, 고추장과 볶은 깨에 버무려

밥반찬으로, 샐러드에 듬성듬성 올리거나, 샌드위치, 월남쌈

어디든 어울리는 상큼 새콤함이 돋보이는 친구.

키위를 보관하고 남은 청은 올리고당 대신에 쓰거나

올리브오일과 섞어 드레싱으로, 탄산수에 곁들여 음료로,

화이트와인을 살짝 넣어 오래도록 졸여 잼을 만들 수도

있답니다.

키위 장아찌의 새콤함이 전해졌기를 바라며.

“내가 만든 요리를 사랑하는 이유는

넣는 것이 뻔하니, 먹고 나서 속이 편해서야.

뻔한 사람을 만났나 봐. 마음이 참 편해.”

코끝이 새콤해지는 타르트

그런 날 있잖아요. 나만 빼고 다 흐르는 것 같은 날.
저 수도꼭지에서 나오는 물도 졸졸졸 잘만 흘러가는데 나 혼자 덩그러니 웅덩이에 앉아 있는 기분이 드는 날.
오랜 시간을 함께해 온 친구들과 만나면 고여 있던 시간이 거꾸로 흐르는 것만 같아요. 몇 년이나 지난 이야기들을 마치 어제 일처럼 떠들며 웃고 울고 내 안에 생겨난 주름들을 잠시 잊어요.
세월이 흐른다는 건 마음에 주름이 지는 일이래요.
주름진 마음을 꾹꾹 눌러 오므렸다 또 펼쳐주던 친구들의 목소리에 새콤한 키위 냄새가 묻어나요. 아주 진하게.

。○。○

귀리 타르트지에 자색고구마 크림, 화이트와인과 유자를 넣어 끓인 키위 조림을 채우고 레드키위를 올렸다. 한가득 받아온 키위로 장아찌도 담그고, 조림도 만들다 보니 어느새 뉘엿뉘엿 넘어가는 해. 아직도 한참 남은 키위를 보고 있자니 코끝이, 마음이 새콤해진다.

하나하나 빚는 정성의 율란

선선함을 넘어 서늘해진 하늘이 움직인다. 흐르는 세월 따라 계절 따라 걷다 보니 자연스레 적히던 음식들이 뒤엉켜 하나의 이야기가 되었고, 기억은 오래도록 잊히지 않을 흔적으로 남았다. 그냥 먹어도 맛있는 밤을 왜 체에 내려서 뭉치는 수고로움을 자처하냐는 할머니의 물음에, 그럼 당신은 왜 우릴 위해 온갖 수고로움을 대수롭지 않게 여겼냐는 질문을 했다. 나도 같은 마음이라고, 밤 하나도 그냥 주기 싫은 마음이 사랑이라는 걸 당신께 배웠다며. 내 모든 사랑은 당신의 손으로부터 시작되었다.

ㅇㅇㅇㅇ

요리만큼 산을 사랑하는 내가 산에서 하나씩 주워온 밤과 이웃집 할머니가 안겨주신 밤으로 만든 율란. 찐 밤을 체에 하나하나 내려 꿀 대신 아가베 시럽과 약간의 소금, 계핏가루로 뭉쳐냈다. 사르르 녹아내리던 가을.

"예하야, 요거 희한하다. 입에서 녹아!"

토란병에 그린 그림

내 사랑의 시작은 채소였다. 요리가 아니라.
채소를 사랑해서 요리를 시작했고, 흙냄새가 좋아 산을 누볐고, 할머니의 삶을 사랑해서 요리로써 이어지고 싶었다. 난 오늘도 어김없이, 지치지 않고, 늘 그랬듯 요리에 생명력을 불어넣는다. 익숙한 것들이 도리어 멋지다는 걸 전하고 싶어서. 나만 알기엔 너무 아름다워서.

◦○◦○

제철 채소를 물색하는 법! 새벽시장에 나가 가장 많이 놓여진 것들을 바라보기. 오늘은 토란이다. 삶은 토란을 부드럽게 으깨어 찹쌀가루와 반죽한 다음 참기름에 지졌다.
토란떡, 토지병이라고도 한다. 땅콩호박과 홍옥을 설탕에 달달하게 절여서 만든 정과 꽃, 조청과 메밀꽃. 서늘한 바람을 뚫던 아름다움.

토란떡

응용 요리

재료

토란

습식 찹쌀가루

소금

참기름

1. 깨끗하게 씻은 토란 2그릇 정도에 소금 크게 한 꼬집, 물을 넣어 25분 정도 삶습니다.

+ 동그란 건 암토란, 길쭉한 건 수토란인데 암토란이 더 맛이 좋아요.

2. 젓가락이 푹 들어가면 찬물로 씻어 껍질을 벗겨요.

3. 따뜻한 상태의 토란을 곱게 으깬 후 토란의 2/3 정도 되는 찹쌀가루를 넣어 골고루 섞어줍니다.

+ 가루의 비율은 토란의 2배, 혹은 1/2배 등 취향에 따라 조절해요.
반죽에 볶은 콩가루 1~2숟가락을 넣으면 맛이 배로 좋아진답니다.

4. 물 묻힌 손으로 모양을 잡아준 다음

5. 참기름을 살짝 두른 팬에 노릇하게 구워주어요.

받아온 사랑
다 보답할 수는 없겠지만,
할머니 밥은 잘 챙겨줄 수 있어!

4 장

겨울

사랑이 밥이 될 때,
온기 가득한 식탁

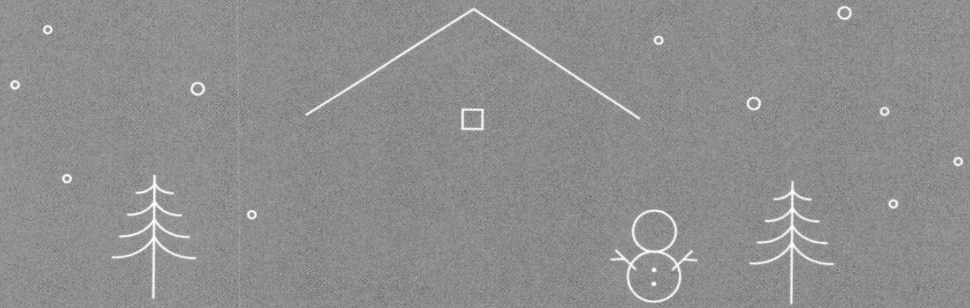

채식 감자탕

채식 하면 어떤 단어가 떠오르시나요? 저는 샐러드였어요. 풀만 먹어야 할 것 같고, 완벽하지 않으면 안 될 것 같은 그런 단어로 느껴지고는 했지요. 지속하는 힘은 내일부터가 아니라 바로 오늘, 지금부터 시작해보는 데에 있다고 생각합니다. 장을 보지 않아서, 아직 마음의 준비가 덜 되어서 등등 안 되는 이유들을 나열하는 것이 아닌, 그저 오늘 볕이 좋아서 채소를 가득 먹어보고 싶다, 이런 가벼운 마음으로 요리해보면 어떨까요? 샐러드만 떠오르던 저를 닮은 당신을 위해 준비했습니다. 고소하고 칼칼한 채식 감자탕입니다.

재료

감자
채수
무청
깻잎
청국장
고추장
된장
고춧가루
다진 마늘
생들깨
소금
후추
집간장

1. '기본 채수'('여름방학' 153쪽 참고)와 삶아서 얼려두었던 무청을 준비해요.

+홍순 씨의 지혜
우린 무청이 있어서 썼는디, 시래기나 우거지도 좋아. 많이 많이 넣을수록 좋아.

2. 채수 5~6컵에 무청을 넣고 청국장을 크게 1숟가락 풀어줍니다.

3. 고추장 1숟가락, 된장 2숟가락, 고춧가루 2숟가락, 다진 마늘 1숟가락을 이어서 넣어줍니다. 집마다 장맛이 다르니 간을 보며 조절해주세요.

4. 깨끗하게 씻어서 말려둔 생들깨를 갈아주세요. 곱게 갈린 들깻가루는 크게 3숟가락 정도 넣어주세요.

+예하의 도움말
들깻가루를 구비해두어도 좋지만, 먹을 때마다 생들깨를 갈아 먹으면 신선함이 오래가기도 하고 고소함이 남달라요.

5. 오늘의 주인공 감자 두 개는 통으로 넣으려 했으나 한발 빠른 할머니에게 썰리고 말았군요. 썰린 감자는 침착하게 냄비에 넣어줍니다.

+예하의 도움말
팽이버섯이나 떡국떡을 추가해도 맛있어요. 특히 팽이버섯을 추천해요.

6. 얼큰한 감자탕을 위해 후추를 팍팍 뿌려줍니다. 물론 취향에 맞춰서요.

7. 집간장, 약간의 소금으로 부족한 간을 맞춰주며 재료들이 부드럽게 익을 때까지 바글바글 끓여요. 들깻가루와 깻잎을 고명으로 올리면 완성입니다.

둘이 먹다 하나 도망가면 씨익 웃으면서 내 자리로 그릇을 뺏어오고 싶은 맛의 채식 감자탕.

채식이라는 단어를 떠올리면 완전해야 할 것만 같은 느낌이 들어요. 어렵고, 힘들고, 먹을 게 있나 싶고, 시작보다 걱정이 앞서고는 하지요. 완벽하지 않아도 좋습니다. 허술하면 어떤가요. 저도 매 순간 구멍 한두 개씩은 달고 다니거든요. 시도했다는 사실 자체가 멋진 일 아닐까요? 세상을 사랑하는 마음과 지속 가능한 삶을 응원하며, 그런 세상을 살아가고 싶다는 마음만 챙겨와주세요.

우리 멋지게 실패하고 또 실패하면서 살아요.

찬란하게 피어나고 찬란하게 지는 시간을 살아요.

파개장을 끓이면서

"태어나 내가 가장 많이 화를 냈던 사람은 누구일까?"라는 주제의 영상을 본 적이 있어요. 엄마, 아빠, 할머니, 배우자 등 그 영상의 결론은 자신과 가장 가까운 이들이었습니다.
사랑하니까 통제하고 싶고 결국 화를 내게 된다고. 가까운 만큼 나와 같은 마음이길 바라니까요.
저는 가족의 얼굴만큼 저의 얼굴도 많이 보였습니다.
스스로를 혼내고 또 혼내던 시간들. 봐줄 법도 한데 스스로를 봐주는 법이 없었어요. 이건 이래서 안 되고, 저건 저래서 안 돼.
너는 그것밖에 못하구나.
사랑할수록 다정해지기 어려운가 봅니다. 사랑해서 같은 마음이길 바라고, 또 사랑해서 화를 낸다니. 참 이상한 일이죠.

머릿속이 복잡한 날엔 밥부터 챙겨 먹어보라고 말씀하셨던 홍순 씨의 말을 따라가 보아요. 그럼 조금은 알 수도 있겠거니 오늘의 요리를 시작해야겠습니다.

재료

고사리

무

대파

콩나물

표고버섯

다진 마늘

고춧가루

참기름

집간장

채수

소금

후추

1. 고사리 크게 한 줌을 하룻밤 불린 뒤 푹 삶아주세요.

2. 다진 마늘과 나박나박 썬 무를 준비합니다.

3. 주인공인 파 2대를 길쭉하게 잘라주어요. 끓는 물에 파를 넣어 숨이 죽을 정도로 데친 후 물기를 빼둡니다.

+홍순 씨의 지혜

파를 무작정 많이 넣으면 칼칼하니 매운데 이렇게 데쳐서 넣으면 달짝지근해져서 얼마든지 넣을 수 있어. 요건 내 비법인디 예하가 뺏어가네~!

4. 썰어둔 무는 파와 참기름, 현미유 약간에 볶아줍니다.
고추기름을 만드는 과정이니 기름은 넉넉하게 넣어주세요.

5. 무가 어느 정도 익으면 다진 마늘 크게 1숟가락을 넣어 볶은 다음 고춧가루 3~4숟가락을 넣어 빠르게 볶습니다. 고춧가루가 타지 않도록 약불에서요.

6. 맛있는 냄새가 슬슬 부엌을 채우면 집간장 2~3숟가락을 넣어 살짝 더 볶아준 다음 채수를 부어요. 손질해둔 콩나물, 표고버섯, 삶은 고사리를 넣어 뚜껑을 닫고 푹 우러나도록 끓입니다.

7. 마무리로 데쳐둔 파를 넣고서 부족한 간은 소금 또는 집간장으로 맞춰도 좋고요, 칼칼함은 후추로 더해주면 완성!

파의 달달함과 고추기름의 칼칼함이 어우러진 파개장.
익숙한 육개장과는 다른 느낌이겠지만, 듬뿍 들어간 대파가
맛의 조화를 충분히 채워주어요. 파가 이렇게 맛있는 재료였나
싶어질걸요.

저희 할머니는 눈물이 많은 편인데 그런 할머니를 울리는
것들은 대개 할머니가 사랑한 것들이었어요. 아꼈던 맷돌,
오랜 시간 계모임을 함께했던 친구, 아름다우셨다는 할머니의
할머니, 참 많은 의지가 되었다는 할아버지.
그래서 다정해지기가 어렵나 봅니다. 사랑했던 만큼 나를
아프게 할 테니까요. 매일이 서로가 서로에게 서툴 수밖에 없는
처음인 거니까, 오늘은 다정함을 담아야겠습니다.

익숙함 속의 귀함, 채소찜

"잡초 같은 사람이 되어야 해."

내게 잡초 같은 사람이 되라고 하셨다. 날이 더워도, 추워도, 뽑아내도 점점 강해지고 한결같이 누군가의 옆자리를 지켜주는 잡초 같은 사람이 되라고.

"보통은 나보고 꽃길만 걸으라 하던데. 잡초 좋다!"

"지금껏 살아남은 건 장미가 아니라 고사리야. 쓰러지지 말라는 소리가 아니라 그럼에도 일어나는 사람이 되라는 말이야. 다시, 계속 다시."

ㅇㅇㅇㅇ

익숙한 것들의 소중함을 담았다. 병아리콩이 톡톡 터지는 잡곡밥과 냉이 청국장. 15~20분 정도 쪄준 채소찜엔 마늘소금을 솔솔. 한 입 한 입이 선물 같다. 찐 무의 달콤함과 콩가루 조합은 홍순 씨의 어릴 적 간식. 할머니의 그 시절이 부러워지는 순간이다. 익숙하고 귀하다.

톳과 바다와 할머니

톳의 오도독한 모양이 "나는 바다에서 왔어"라고 말을 건네는 듯하여 귀를 기울였더니 바다 냄새가 났다. 어릴 적 홍순 씨는 산골 마을에서 자란지라 톳이라는 재료가 있는지도 몰랐다고 했다. 땅에서 나는 것들만 알았지 바다와는 영 친하지 못했다고. 처음 바다를 봤던 날, 반짝반짝한 물결이 비단 같아서 할아버지의 손을 꽉 잡았다고도 했다. 내가 안다고 믿었던 세상이 이렇게나 작았구나, 전부 아는 줄 알았는데 아니었구나, 고우나 미우나 사랑하며 살아야겠구나 싶어서. 안다고 믿어왔던 것들을 들여다보니, 오도독한 바다 냄새가 옷깃으로 스며든다.

。○。○

들기름을 묻힌 손으로 톳밥을 동글납작하게 빚었다.
딸기잼이 차 있던 쿠키를 떠올리며, 빚은 밥 속에 들깨 몇 알과 다진 깻잎 장아찌를 툭. 오도독한 바다포도도 더해지니 그야말로 바다 잔치다. 귤과 딜 샐러드엔 풍미 좋은 올리브오일 몇 방울.
우리의 물결을 이 한 접시에 바다만큼 쏟았다.

한 번만 더,
버섯 만두

"혼자서 산을 슬그머니 올라갔던 날이 있었어. 산초나무 아래 버섯이 얼기설기 나 있는데 얼마 지나면 따도 되겠더라고? 자라나길 기다리고 기다렸지. 우리 할머니가 참 좋아하셨거든. 이런 걸 어디서 따왔냐고. 한참을 칭찬해주셨어. 우리 할머니는 웃는 모습이 참 예쁘셨는데, 그 모습 한 번 더 보려고 비 오는 날도, 안개 낀 날도, 눈 오는 날도 집을 나섰어.
웃는 모습이 참 예쁘셨거든."

∘°∘°

검은 봉다리를 소중히 들고 올라오는 손이 보인다. 할머니다.
예하 줘야 한다며 몇 번을 웅얼거리시던 할머니는 기필코 내게 검은 봉다리를 건넸다. 그 안에 들어 있던 건 버섯이었다. 버섯 꼭지를 다져 집간장에 볶고, 으깬 두부와 호두, 전분을 채워 쪄냈다.
걸엔 다진 잣과 호두를 가볍게 붙였다. 채수에 된장을 풀어 만든 걸쭉한 된장소스를 곁들이니, 찬 바람을 막아주는 버섯 냄새가.

복덩이 눈사람

어떤 연말을 만들어가고 계시나요? 서울에 있었다면 친구들과 술 약속을 잡고 시끌벅적한 사람들, 찬란한 조명 아래에서 행복함과 공허함 그 어딘가를 거닐고 있었을 텐데, 진주에 있는 올해의 저는 동지팔죽만을 생각했어요.
팔 한 번, 할머니 두 번 바라보고는 하얀 새알심을 빚으며 그 어느 때보다 고요한 연말을 만들어가고 있습니다.
오늘은 곁에 있는 것들을 만지작거리며 기꺼이 팔죽 속으로 빠져들던 날의 이야기입니다.

팔죽

재료

팔

물

소금

설탕

찹쌀가루

1. 국산 팔 반 되를 하룻밤 불린 후 물을 추가하고, 소금 1숟가락 넣어 끓여줍니다. 폴폴 끓으면 약중불로 줄여주세요.

2. 끓이면서 새알심을 준비해주고, 50분 정도 지났을 때 팔을 먹어봅니다. 팔이 부드럽게 뭉개진다면 설탕을 1국자 넣고 간을 보며 소금도 반 숟가락 추가해요.

3. 20분 정도 더 삶아주다가 체에 걸러주어요. 국자로도 으깨고, 손으로도 으깨고. 으깨지면 다시 물 1대접을 부어 걸러줍니다.

4. 걸러진 팥물을 끓이기 시작해요.

5. 바글바글 팥물이 끓어오르면 만들어둔 새알심, 찹쌀가루 서너 줌 정도를 넣어 저어주세요.

6. 새알심이 동동 떠오르면 완성입니다.

새알심

재료

습식 찹쌀가루

습식 멥쌀가루

설탕

1. 찹쌀가루 1그릇 반, 멥쌀가루 1그릇, 설탕 2순가락을 골고루 섞고서 뜨거운 물 반 그릇을 부어 익반죽합니다.

2. 반죽을 동그랗게 뭉쳐 새알심을 만들고, 겉면이 마르지 않도록 면포로 덮어주세요.

3. 팥죽, 호박죽 등에 넣어 동동 떠오를 때까지 끓이기만 하면 되는 새알심 완성입니다.

+홍순 씨의 지혜

찹쌀만 하면 질질한데, 멥쌀을 섞어주면 땡땡해져서 좋아. 남은 반죽은 구워 먹으면 전병이고, 꽃 붙여주면 화전이야.

남은 새알심 반죽을 떼어내 눈사람을 빚는다. 팔죽에 빠진 눈사람이 귀여울 것 같아서. 새알심을 빚으랬더니 축구공을 빚냐며 할머니가 놀리신다. 뭐가 그리 신났는지 함께 웃었다. 만들어진 눈사람이 마음에 드셨는지 이름도 지어주었다. 이 친구의 이름은 복덩이다. 우리 집 복덩이.

홍순 씨 근데 이거 곰돌이 아니여?

예하 아, 눈사람이라니까~

홍순 씨 …곰돌이 아니여?

너랑 동치미만 있으면 돼

"할머니, 나랑 사니까 어때?"
"괜찮지, 뭐."
"아, 나 다시 짐 싸야겠다~"
"든든하지! 테레비 볼 때 멀리서 보라고, 다리 꼬면 허리 아프다고, 따뜻한 밥 먹어야 한다고 말해주는 사람이 있어서 좋아."
"나 완전 잔소리꾼이네."
"그런 잔소리라도 들리는 게 좋아서 그래. 너도 언젠간 내 마음 알기다, 알기야."

잔소리꾼 손녀와 그 잔소리를 고개 끄덕이며 들어주는 할머니.
두 사람 곁에 들려오던 달콤한 무와 시원한 동치미의 노래.

재료

가을~겨울 무
생강
다진 마늘
생수
배즙
소금
쪽파

1. 스티로폼 박스에 꽁꽁 숨겨 놓았던 겨울 무를 깨끗하게 씻어 적당한 두께로 잘라줍니다. 맛있는 건 많을수록 좋으니까 장독대를 꽉 채울 만큼이면 좋답니다.

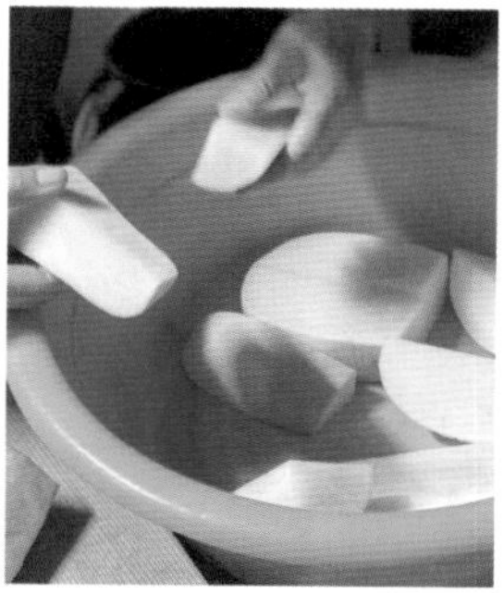

2. 장독대 안에 소중한 무를 차곡차곡. 우리의 봄, 여름, 가을, 지금의 겨울을 차곡차곡 감싸듯 넣어줍니다.

3. 껍질을 긁어서 손질한 생강은
크게 한주먹 정도를 편 썰어서
면 보자기 안에 쏙 챙겨주세요.

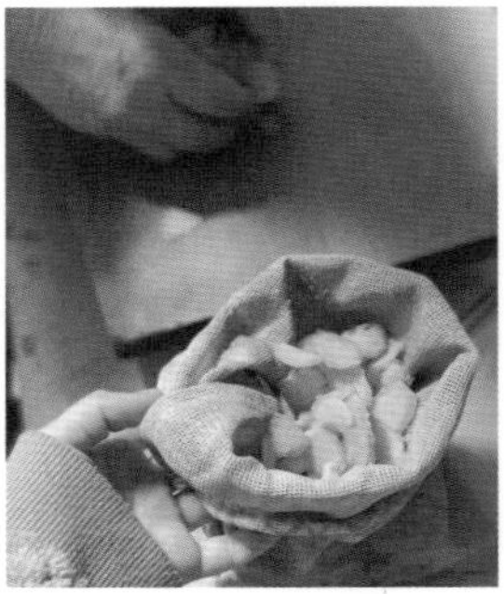

4. 빠질 수 없는 다진 마늘도 아주
크게 2숟가락 넣었어요. 생강과
마늘을 넣은 보자기는 장독대에
넣어 무 속으로 꽁꽁 숨깁니다.

5. 이제 국물을 만들어볼 건데요. 놀랍도록 간단하니 눈에
힘 풀고 따라오세요. 〈울 동네 인기쟁이, 배즙〉 226쪽에서
만들어놨던 배즙! 얼려놓은 걸 해동시켰어요. 설탕 한 톨 없이도
달콤하고 시원한 국물을 만들어줄 친구예요.

6. 늘 그렇듯 정해진 비율은 없으나
오늘은 1대 1로 하기로 했어요.
물 4대접, 배즙 4대접을 붓습니다.

7. 소금은 12숟가락. 두고두고 먹을 거라 살짝 간간해야 하거든요.

+홍순 씨의 지혜

보통 동지미 할 때 무수를 소금에 절이는데, 그럼 무수가 질기게 느껴지더라고 나는? 국물에 녹여서 부어봐. 그럼 동지미가 끝까지 아삭아삭혀. 아, 이건 특급 지혜인디!

8. 소금이 녹았다 싶으면 만들어진 국물을 붓습니다.

9. 마당 한쪽에서 뽑아온 쪽파를 다듬어 실로 묶어서 장독대 속으로 쏙. 2주 정도 지났을 때 간을 보고서 맛이 들었다 싶으면 그때부터 열심히 먹으면 된답니다.

+홍순 씨의 지혜

사실 대파를 넣으면 좋은데, 집에 쪽파가 있어서 이걸 쓰는 게야. 고추도 넣음 좋아. 있으면 있는 대로, 없으면 없는 대로 하는 거지. 사람도 그렇고 음식도 빈 구멍 하나씩 있어줘야 더 매력 있지 않겠어?

어떻게 이런 맛이 나나 싶을 정도로 시원하고, 간간하고, 아삭한 동치미가 노래를 부르듯 다가옵니다. 먹을 만큼 꺼내어 나박나박 썰은 후 입맛에 맞춰 물을 추가해도 좋아요. 홍순 씨는 동치미를 '동지미'라 부르고, 무를 '무수'라고 부르셔요. 그 단어들을 듣고 있자면 어린 날의 홍순 씨와 마주 보고 있는 듯한 상상에 빠지고는 합니다. 할머니의 어린 시절엔 배가 없기도 했거니와 그만큼 귀해서 무와 대파, 소금, 고추로만 만들었다고 해요. 근데도 눈이 번쩍 뜨일 정도로 맛있어서 여전히 추운 겨울만 되면 시원한 동치미 생각이 난다고.

"근데 이제는 네가 생각날 것 같아. 무거운 무수를 한 뭉탱이 들고서 활짝 웃는 네가. 어른이 된 네가 겨울날 내게 스며들 줄은 몰랐는데. 그래! 너랑 동지미만 있으면 돼."

"예하야, 항상 하는 말이지만 요리든 뭐든
정해진 건 그 무엇도 없으니 그저 손이 가는 대로
네가 그리고 싶은 걸 그려. 눈치 보지 말고!
난 그동안 너무 많은 눈치를 보고 살았드라고.
그럴 필요가 없는데도. 어찌 되든 말든
다음은 걱정하지 말고 그냥 다 해보는 겨."

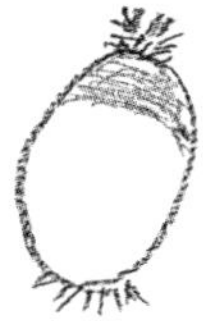

타오르는 비트 김밥

할머니가 이런 말을 해주셨다.
"젊었을 땐 활활 타오르는 붉은색이 되고 싶었어. 그런데 너무 뜨거우면 다칠 테니 뜨듯한 정도로만. 한번 보면 잊히지 않는 그런 붉은색이 되고 싶었는데 너랑 지내다 보니 차분한 색도 괜찮아 보여. 너는 톡톡 튀는 색을 가진 아이이니, 내가 너의 튼튼한 회색 배경이 되어주고 싶어."
타오르듯 선명하던 빛이 내게 말을 걸어오던 날,
할머니의 물감을 그릇에 채웠다.

○○○○

뜨듯한 붉음을 노래하던 비트 김밥. 물로 찌듯이 볶은 비트를 다져서 하얀 밥과 비벼냈다. 깻잎과 바삭한 콩까스,
향신료를 뺀 부드러운 후무스가 어우러져 노래가 되었다.
땅의 온기를 품은 뿌리채소 수프와 내 사랑 고수도 함께.

오색의 메리 크리스마스

크리스마스가 생소하셨던 할머니, 할아버지를 깜짝 놀라게 하고 싶은 마음에 온 집 안에 전구를 감았던 날이 있다. 반짝반짝한 빛 아래 두 분은 좋아하면서도 전기세 걱정에 허허 웃고 계셨는데, 어디서 나온 자신감인지 인형을 들고 그 앞에 섰다.
"전기세 안 아깝게 해줄게!"
두 사람의 웃음이 그저 좋아서 주황빛 조명 아래 머리가 아플 때까지 춤을 추던 아이야, 반짝이던 그날의 빛이 이어져 지금의 너를 춤추게 하는구나. 그때와 닮은 마음으로 세상을 사랑하고 있구나.

。○。○

여기저기서 걸음들이 쏟아져 나온다. 평소엔 지나쳐갔을 장면에 머무른다. 장난감과 케이크, 나를 잠 못 이루게 했던 풍경들. 화려한 트리 대신에 무나물, 콩나물 무침, 비트 감자볶음, 죽순 들깨조림, 봄동나물 다섯 가지의 황홀함을 담았다. 오색이 건네던 말, 메리 크리스마스!

사과 꽃을 품어요

빙빙 돌아가는 내게 사람들은 “굳이?”라는 말을 자주 했는데 그 말이 듣기 싫었다. 나는 뭐든지 굳이 해야 했던 사람이었고, 직접 겪지 않으면 믿지 않았으니까. 그 믿음이 없었다면 나오지 못했을 나의 순간을 오늘도 사과 꽃 속에 굳이 담아본다.

◦°◦°

그냥 먹어도 맛있는 사과를 굳이 저민다. 얇은 사과가 쪼그라들 모습을 생각하며 더 얇게 얇게. 손녀딸 간식거리 떨어질까 걱정인 홍순 씨가 구워둔 군고구마를 으깬다. 유자향을 입힌 다음 저민 사과를 편안히 품을 수 있도록 두툼하게 깔았다.
우리밀 반죽 위에 상큼한 키위 장아찌 몇 알, 귀여운 들깨 몇 알, 나의 고집 몇 알을 오븐에 함께 구웠다. 나는 내 ‘굳이’가 좋다.

늙은 호박국

"늙은 호박으로 국을 끓여 먹었다고?"
홍순 씨의 말에 마음이 커졌다. 죽도 아니고 떡도 아니고 늙은 호박국이라니. 호박국은 무슨 맛일까. 늙은 호박처럼 슴슴한 맛일까. 그 시절의 빛바랜 향이 날까.
"그럼, 할머니가 죽만큼 자주 해주셨던 음식인데 갑자기 생각이 나더라. 포옥 끓여서 밥이랑 비벼 먹었어"라고 말하는 홍순 씨의 두 눈이 늙은 호박에 머문다. 생각에 잠길락 말락 이내 다시 내게로 향하는 눈.
"나 정말 먹어보고 싶어. 알려줄 수 있으실까요, 홍 선생님?"
"근데 내가 만든 적이 없어. 하도 어릴 때이기도 하고.
별 맛도 없을걸."
머쓱한 표정의 홍순 씨를 바라보며 웃는다.
"그 맛을 더듬으면서 해보는 거지 뭐. 나는 할머니의 그 시절 맛이 궁금한 거거든. 완벽한 요리법이 아니라."

그럴 줄 알았다는 홍순 씨와 이미 우리 손에 들린 늙은 호박, 기억을 여행하는 우리의 요리 시간.

재료

늙은 호박
채수
물
다진 마늘
대파
들기름
소금

1. 냉장고에 숨어 있던 늙은 호박을 꺼내어 물러진 부분은 도려내고 껍질을 벗겨 먹기 좋은 크기로 깍둑썰기 해주세요.

2. 연한 채수와 생수를 부어 섞어줍니다.

+예하의 도움말

할머니의 기억대로라면 맹물로만 끓여야 하지만 연한 채수(무말랭이, 양파, 버섯)로 은은한 밑바탕을 칠해주었어요. 정해진 게 없다는 게 요리의 매력이니까요.

3. 끓는 물에 늙은 호박을 퐁당. 주황 보석들을 쏟아줍니다.

4. 뚜껑을 닫고 한 김 폭 끓여주면 되는데요. 10분 정도 끓이고 나면 호박에 숟가락이 푹 들어간답니다.

5. 호박이 어느 정도 익었다 싶으면 다진 마늘 크게 1순가락과 적당량의 소금으로 간을 맞추어줍니다.

+예하의 도움말

"할머니, 간장은 쓰면 안 돼?", "호박죽에 간장 넣는 거 봤어? 안 어울리자네. 음식마다 어울리는 짝꿍이 있는 겨." 간장이 아니라 소금으로 간을 맞춰주세요!

6. 대파도 한번 넣어보라는 홍순 씨의 말에 따라 송송 썰어 넣고, 다 끓여진 국 위에는 들기름을 사르르. 그리운 음식 속에 그리운 향을 녹여내요.

요즘의 사치스러운 음식들과 비교하면 한없이 존재감 없고 심심하던 늙은 호박국. 하지만 호박의 은은한 달콤함과 깔끔한 맛이 얼마든지 먹으라며, 마음도 속도 편한 음식은 이런 거라고 말해주는 기분이었어요.

슴슴한 사람 냄새가, 그 시절의 호박 냄새가, 밥 먹으러 오라는 어머니들의 목소리 속 빛바랜 냄새가 나던 늙은 호박국.

꼭 몇 번이고 봤던 것처럼, 이날을 기다려왔다는 듯이.

"옛날엔 마늘도 파도 없고 그냥 호박 몇 덩이, 소금이 전부였어. 이따시만 한 냄비에 국을 끓이다가 마지막에 주걱을 팍팍 으깨서 한 접시씩 주더라고. 이걸 너랑 먹어볼 줄은 몰랐는데…. 멋진 일이구나. 잊어가던 맛을 나눈다는 건."

잊어가던 마음을 나눈다는 건.

제가 할머니의 요리를 사랑하는 이유는
정답이 없기 때문입니다.
짜면 물을 더 넣으면 되고,
달면 달달한 매력을 즐겨보자는
사람과 함께 살고 있거든요.

늙은 호박의 주름 속에서

"늦어서 미안해" 대신 "기다려줘서 고마워". "이것밖에 못 해줘서 미안해" 대신 "소소한 마음도 소중히 여겨줘서 고마워". "표현이 서툴러서 미안해" 대신 "서투른 나도 사랑해줘서 고마워". 긍정의 힘을 읊조리던 날, 저를 둥글게 둥글게 다듬어주고 또 안아주던 날의 늙은 호박전 수업을 시작합니다.

재료

늙은 호박

쌀 튀김가루

감자전분

설탕

1. 작년 가을부터 부엌에 자리 잡고 있던 늙은 호박을 두 동강 내줍니다.

2. 속에 있던 씨를 파고 껍질은 감자칼로, 깊은 쪽은 칼로 도려내주어요.

3. 껍질을 벗긴 호박의 주황빛을 충분히 누리다가 채 썰어줍니다.

+예하의 도움말

1/6통 정도 사용했고, 나머지는 밀폐 후 냉동 보관해주었어요.

4. 쌀 튀김가루 4숟가락, 감자전분 2숟가락을 넣은 다음 휘적휘적 골고루 가루를 묻혀주세요.

5. 늙은 호박의 단맛을 끌어올리기 위해 설탕도 2숟가락 추가했어요.

6. 차가운 물을 부어 반죽에 윤기를 더해요. 만들다 보니 반죽이 부족해서 전분을 살짝 추가해주었어요. 하다 보니, 살다 보니 계속해서 바뀌는 게 요리고 삶 갈지 않나요?

7. 기름을 충분히 두른 팬에 자글자글 맛있게 구워주면 완성입니다.

쭈욱 늘어나는 호박이 달큼하고 부드러워서 마치 치즈가 들어간
듯한 맛을 보여줘요. 바삭한 모서리를 뜯어 할머니 먹으라며,
아니 이건 네가 먹으라며 투닥이기도 하고,
두 손을 짝짝 마주치면서 이렇게 맛있어도 되는 거냐며 두 장을
뚝딱 해치우기도 했답니다.
호박의 따스한 빛깔 속에 자리 잡고 있던 힘을 읊습니다.
당신의 하루 끝이 "고마워"로 끝났으면 좋겠다는 마음을 담아.

세상을 가진 호박떡

늙은 호박에서는 그리운 냄새가 난다.

"난 사실 단호박을 많이 먹고 자라서… 할머니 기억 속 늙은 호박은 어때?"

"할매가 해주시던 호박죽, 떡이 생각나. 뭉친 쌀가루를 쿡쿡 찔러 풀어주던 할미 손. 모락모락 뿜어져 나오던 고소한 호박 냄새를 하염없이 맡던 생각도 나고."

바래지지 않는 기억 속 노랗고 고소한 냄새.

그리울 법도 했나, 그때의 우리는 서로에게 솔직했으니.

죽 한 그릇, 떡 하나에 세상을 가지고는 했는데.

∘°∘°

하얀 쌀가루 위에 작은 집을 지어 할머니의 이야기를 그린다.

이불을 덮듯 주황빛을 덮는다. 서로의 빛이 되어주고 싶어서 호박떡을 쪄냈다. 눈처럼 새하얀 멥쌀과 작두콩, 콩고물, 늙은 호박.

서로의 빛이 되어주던 날의 흔적.

우리의 떡케이크

"아무것도 안 해도 괜찮아.
세월은 부질없이 흘러도 너는 너 내킬 때 흘러가."

ㅇㅇㅇㅇ

케이크 속에 홍순 씨와 예하라는 두 사람이 밟아온 계절의 풍경을, 지나온 사랑을, 시작하는 마음을 담았다. 국산 귀리로 보드랍게 구운 빵, 가을에 저장해둔 밤을 쏟아낸 흑미 시루떡, 가벼운 생크림의 만남. 흘러가기를 기다리던 날의 케이크.

납작한 가래떡의 아침

떡국은 특별한 음식이다. 말랑말랑한 가래떡이 납작하게 변신하여 국물 속에 퐁당 빠져든, 마법을 부리기에 충분한 그런 음식.
매번 새해를 맞이하는 마음으로 오늘을 산다면 우리 인생 참 피곤하겠다는 농담도 나누고, 알록달록한 떡국처럼 다채롭게 살라는 덕담도 나누고, 온갖 마음을 나누다 보니 새해 아침이 밝았다.

ㅇㅇㅇㅇ

포근하게 끓여낸 들깻국 속에 오색 떡국떡과 찐 연근을 넣었다.
꽃과 알알이 들깨가 새해를 비춘다.

약이 되는 떡뽁기

"자아, 나 친구들이랑 어디 댕겨올 테니까
요걸로 떡뽁기 해 먹고 있어. 나 간다~"
홍순 씨가 달랑 한 장 남기고 간 '떡뽁기 만드는 법'!
떡볶이 말고 떡뽁기는 처음이라서요.
홍순 씨의 레시피를 재해석해서 만들어보기로 했습니다.
전 요즘 약이 되는 요리에 푹 빠졌어요. 아름다움도 좋지만
어떻게 하면 내 몸에 이로운 음식을 할 수 있을까?
이런저런 시도를 하고 있습니다.
지속 가능한 삶과 요리, 세월이 흐를수록 생각나는 요리,
몸의 구석구석 활기를 불어넣어주는 그런 요리를 하고
싶어졌거든요. 그리하여 적혀진 두 사람의 지혜가
한 방울씩 더해지던 날의 흔적입니다.

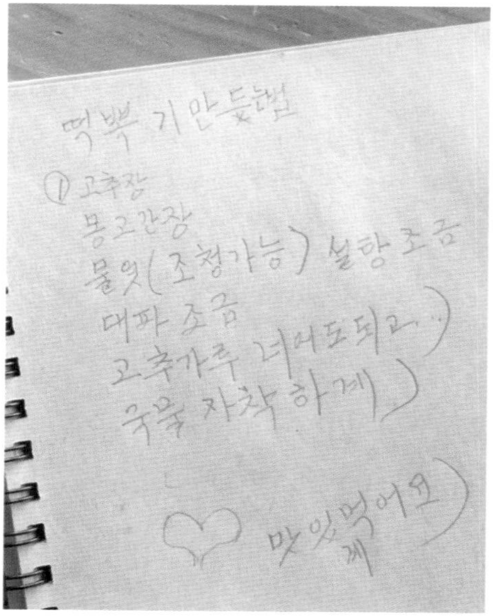

재료

가래떡

말린 도토리묵

약초 물

대파

유부

고추장

집간장

조청

설탕

고춧가루

1. 우엉, 작두콩, 연근, 당귀를 넣어서 끓여낸 약초 물을 하룻밤 우려둡니다.

+예하의 도움말

당귀는 여성의 인삼이라고 불릴 정도로 여성에게 좋은 약초예요. 따뜻한 성질이 혈액순환을 도와 생리통, 수족냉증에 좋아요. 갱년기를 맞은 엄마에게, 생리불순인 친구에게 챙겨주고픈 친구랍니다. 차로 우려 물처럼 드셔보시기를. 단, 국물용으로는 향이 강하니 조금만 넣어주세요.

2. 약초 물 3국자를 냄비에 넣어주세요.

3. 고추장 1.5숟가락, 집간장 2숟가락, 조청 1숟가락 조금 더, 설탕도 약간, 매운 고춧가루 약간을 더해줍니다.

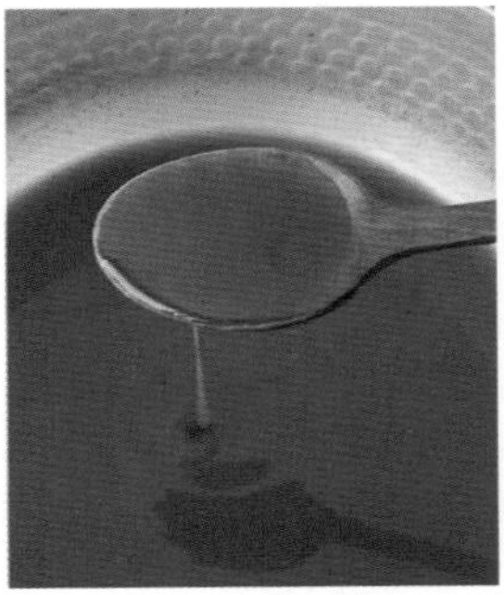

4. 모든 양념 재료를 넣고서 잘 풀어준 다음 불을 켜주세요. 끓어오르기 시작하면,

5. 듬성듬성 잘라둔 대파를 넣고 끓여주다가 유부, 가래떡을 넣어요. 뚜껑을 닫고 10분 정도 졸여주었어요.

+예하의 도움말

유부는 미리 넣고 졸이면 양념이 배어든 쫄깃한 유부를, 마지막에 넣으면 부드러운 유부를 만날 수 있답니다.

6. 그리고 나름 기똥찬 시도라고 생각한 미지근한 물에 미리 불려놓았던 말린 도토리묵! 거의 완성되어가는 떡볶이에 넣어 한소끔 끓여주세요.

7. 타지 않도록 약초 물을 조금씩 추가하며 농도를 맞춰주세요. 깻잎에 찹쌀 풀을 발라 말려두었다가 바사삭하게 튀겨낸 부각을 떡볶이 위에 올려내니 그 어느 만남보다 반가워요.

할머니라면 이만큼 넣었을 거야. 하지만 나는 이런 식으로도
해보고 싶으니까. 할머니의 지혜와 나의 지혜를 맞대어보자.
정답은 없다는 할머니의 말을 기억하자. 내 감각을 믿어보자.
더 나은 것, 더 못한 것도 하나 없는 우리. 부족하면 부족한 대로
넘치면 넘치는 대로 사랑하는 우리.
기꺼이 서로의 선생님이 되어주는 우리.

♡ 홍순 씨의 행복해지는 법 ♡

1번 * 집을 깨끗이 청소해. 하다 보면 집뿐만 아니라 마음도 청소가 되거든. 전부 같이 청소해버렸어 나는.

2번 * 누군가를 위해 요리를 해봐. 가족도 좋고 나도 좋아. 요릴 하다 보면 그 과정만 생각하게 돼. 잡다한 생각할 시간이 어딨어! 눈앞에 있는 음식부터 맛있어야 하지 않겠어?

3번 * 사람을 만나. 어떤 모임이든 나가서 사람을 만나고 와. 집 환기하듯 주변을 환기시켜줘.

4번 * 옷 말끔히 챙겨 입고! 나를 깔끔스리 챙기면 없던 자신감도 생겨. 거울 함 보면서 나 좀 괜찮은데? 라는 말 정도는 나와야~

5번 * 예하랑 이야기하기.

세상을 주름잡던 만두에게

냉이 만두

"할머니, 나 이야기해줘. 그때 그 호랑이 이야기!"
할머니의 주름진 말솜씨가 더해진 옛날 옛적 이야기는
그 어떤 영화보다 영화 같았어요. 춥디추운 겨울날 포근한
이불 속에서 들려오던 목소리. 아이맥스 영화관보다도 생생하게
펼쳐지고, 최신 스피커보다도 선명했던 그날의 목소리.
나를 잠 못 이루게 했던 시간들. 먼저 물어봐놓고서 무서움에
할머니 손을 붙잡고 잠들고는 했지요.
이건 한때 나의 세상을 주름잡았던 이야기이자 호랑이도
사랑에 빠져버렸다는, 만두에게 보내는 편지입니다.

재료

생만두피
냉이
마늘
두부
양파
무
들기름
볶은 깨
집간장
소금

1. 깨끗하게 손질한 냉이와 마늘을 쫑쫑 다져주세요.

2. 오늘은 들기름 향을 느끼는 날!
들기름에 마늘을 넣어 볶다가 살짝
노릇한 색이 되면 냉이를 넣고,
소금으로 밑간을 해주어요.

3. 두부는 데쳐서 칼등으로 으깨고,
면포로 물기를 온 힘을 다해 꾸욱
짜줍니다. 반 모 정도 사용했고,
300그램 정도 된답니다.

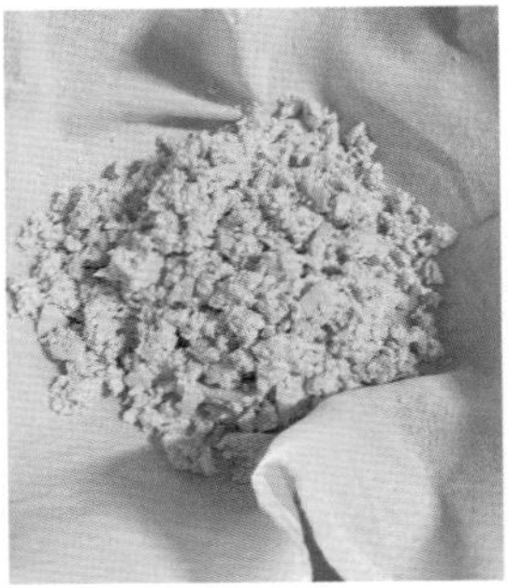

4. 무와 양파는 같은 양을 잘게 다져서 볶기 전 소금에 5분 정도 절여둡니다.

+예하의 도움말
채소를 소금에 절여두면 설탕 없이도 채소의 단맛을 끌어올릴 수 있어요.

5. 절여진 무와 양파를 들기름에
달달 볶아주세요.

6. 밀처리가 된 재료들을 한데 넣고, 볶은 깨를 붓고 부족한 간은 집간장으로 맞춰줍니다. 호랑이 오기 전에 빠르게.

7. 마트에서 데려온 생만두피를 사용할 건데요, 그대로 사용해도 되지만 얇은 피를 위해서 한 번씩 밀어주었어요. 굳이 돌아가는 이런 과정이 만두의 맛을 한층 올려준답니다.

8. 만두피 가장자리에 물을 촉촉하게 바른 후 만두소를 원하는 만큼, 입안에 머금고 싶은 만큼 넣습니다.

9. 정성스레 빚은 만두를 찜기에 10분 정도 쪄주고서 살짝 뜸을 들이고 나면, 베어 물 때마다 향긋한 냉이 향이 퍼지며 아작한 무가 씹히는 만두를 먹을 수 있답니다.

뭐든 적당히 채워내고 덜어내는 홍순 씨와는 달리 저는 머금고
싶은 것들이 많아요. 꾹꾹 눌러 담다 터져버린 만두처럼 너무
많은 걸 채워 넣다가 욕심에 흘러넘치고는 합니다.
이런 게 인간미이니 지금부터 덜어내면 된다고, 탓하기보다
안아주기를 택하며 나의 선택으로 나를 채워가요.

"한번은 언니가 배가 아프다고 해서 아버지가 회충약을 사
왔는데 그 약을 몰래 뱉으려고 나갔지 뭐야. 그걸 본 할머니가
호랭이가 잡아간다 잡아간다 이야기를 시작해서 다시 슬그머니
돌아오는데, 어찌나 웃기던지 배가 아플 정도로 웃었어.
이젠 그 호랭이보다 무서운 것들이 많아졌지.
세월이 흘렀다는 건 그런 거겠지?"

♡ 홍순 씨의 행복해지는 법 ♡

6번 * 운동하러 가. 수영 시작한 뒤로 기분이 상쾌해. 동네 한 바퀴만 돌아도 좋아. 같이 운동해보지 않을 텨?

7번 * 친구랑 전화하기. 난 전화 받기만 했지 거는 성격은 아니었는데. 언제부턴가 전화 오는 게 그리 고맙더라고. 그 이후로는 한 번씩 걸어. 고마워서.

8번 * 밥 잘 챙겨 먹어. 누누이 말하지만 밥심이 있어! 홀라당 넘길 생각 말고 잘 챙겨 먹어.

9번 * 제철 과일 먹기. 따땃한 이불 속에서 귤 하나 까먹는 일은 이 나이가 되어도 좋더라고.

10번 * 거 예쁜 사람! 너는 뭐를 할 때 행복해?

연근 감자전

중학생 때는 천문학자가, 고등학생 때는 무대연출가가 되고 싶었다. 항상 꿈이 이루어지는 순간을 그렸다. 과학자가 되어 실험실에 틀어박힌 나. 빈틈없이 찬란한 무대 뒤에서 웃고 있는 나. 그렇게 그리기만 하다가 미룬 꿈들이 많았다.
현실적이지 못해서, 혹은 다른 꿈이 생겨서.
보통 전자의 경우지만.

잊은 줄 알았으나 잊은 적 없던 꿈들. 나의 밤하늘과 나의 실험실, 나의 무대를 접시에 담고 있다는 걸 이제는 안다. 희미해진 줄 알았던 꿈은 모두 이어져 내 곁을 맴도니, 접시 위가 나의 무대였다. 우리의 꿈은 실패한 적이 없다.

ㅇㅇㅇㅇ

곱게 갈아낸 감자와 양파, 약간 알갱이가 씹히게 갈아낸 연근을 구웠다. 바닥은 노릇 바삭하고, 위는 촉촉하게. 연근을 끊지 않고 먹으면 명이 길어진다는데, 모든 이들의 꿈이 저 연근만큼 풍성하게 이어져 하나의 인연으로 닿기를. 실패가 아닌 도전이 되기를.

목련 타코

인생은 한바탕 꿈이라는 어느 영화의 대사처럼 꿈꾸는 하루를 살았더니 계절의 감각이 살아난다. 따스함과는 거리가 있는 겨울바람도, 푸릇한 생명력이 잠든 이 시간도, 추위에 꽁꽁 싸매는 밤들도 모두 나를 만들어가는 시간이겠지. 흘러가는 자연을 감각하며 살고 싶다.

ㅇㅇㅇㅇ

서늘해진 공기를 뚫고 목련이 자라난다. 설레는 마음으로 목련을 따고 씻고, 나란히 둔다. 고수 페스토, 아몬드로 만든 치즈, 간단한 사과 살사를 올린다. 쌉싸름한 목련은 아카시아보다 달콤함은 덜하지만 이 녀석만의 매력이 진하다. 1년을 기다려온 감각이 목련 위에 얹어졌다.

✿ 계절 살사

재료 사과 샐러리 파프리카 양파 올리브오일 소금 후추 라임즙

1. 사과, 샐러리, 파프리카, 양파를 잘게 다진다.

2. 나머지 재료를 넣어 골고루 섞은 다음 냉장고에 넣어 10분 이상 절인 후 먹는다.

+ 토마토, 금귤, 참외, 단감, 구운 호박 등 계절에 맞춰 재료를 선택해보세요.
+ 취향에 따라 타바스코, 청양고추와 고수를 추가해요.
+ 샐러드에 올려 먹어도 좋아요.

두 세상이 만나던 날의

“다른 사람을 사랑해야지. 네 마음의 영토를 넓히려면.
마음은 서서히 너도 모르는 새에 넓어져. 미움이 아닌
네 사랑의 영역을 키워. 사랑으로 이어지는 꿈이 모이다 보면,
그건 꿈이 아닌 진짜 네가 되는 거야.”
어느 날 엄마가 전해준 영토. 마음의 영토를 넓히는 일은
다른 사람을 사랑하는 일. 내 사랑의 영역을 넓히며.

ｏｏｏｏ

달래장을 품은 주먹밥. 내가 좋아하는 강황이 들어간 노란 밥과
홍순 씨가 좋아하는 흑미밥을 반반 섞었더니 위에서
들깨 마요가 흐른다. 달래전, 무 수프, 자라나는 돌나물까지.
솔한 것 하나 없구나.

달래가 왔다네

달래 부침개와 달래장

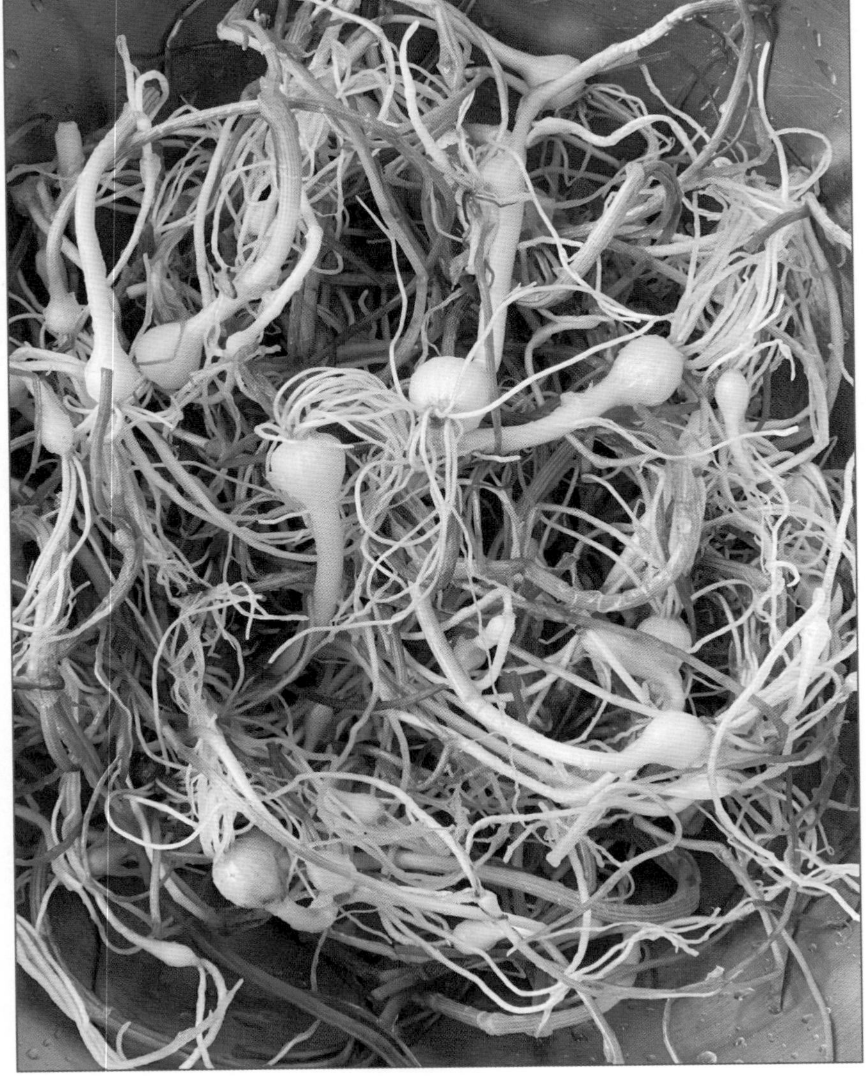

생명력 가득한 것들을 누리고 싶다면서 정작 집 앞에 핀 민들레를 지나치고, 바람 소리를 느끼기도 전에 노래를 틀고, 익숙한 거리는 지겨운 길이라고 정해버린 건 내가 아니었나.

그런 내게 여행처럼 다가온 이른 봄의 맛, 달래.
이번 시간은 달래 부침개와 달래장을 배워봅니다.

달래 부침개

재료

달래
팽이버섯
부침가루
감자전분
볶은 깨

1. 달래를 씻으며 봄의 마중을 받습니다.

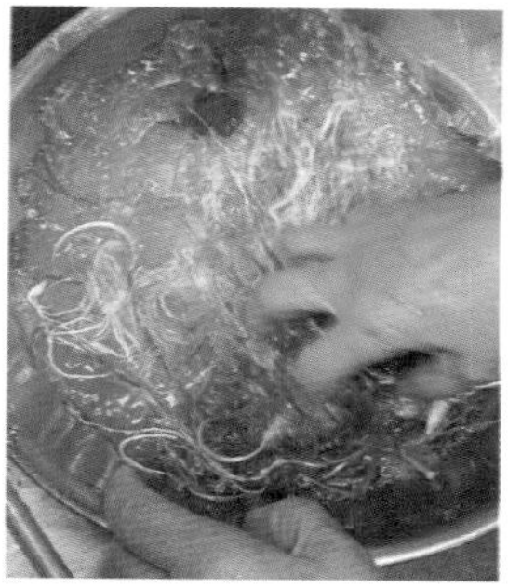

+홍순 씨의 지혜
달래를 씻을 땐 물속에 폭 담가서 내가 탈수기다 생각하고 털어줘. 털고서 바닥을 만져보면 흙이 가라앉아 있거든? 그 흙이 안 느껴지면 다 씻어진 거여.

2. 씻은 달래는 3~4센티 정도로 숭덩숭덩. 팽이버섯도 잘라서 뭉친 부분은 찢어주세요.

3. 고소함을 위한 볶은 깨 반 숟가락, 부침가루 소복하게 3숟가락, 감자전분 1숟가락을 넣어줍니다.

4. 찬물을 부어 반죽해준 후, 팬에 현미유와 참기름 살짝 둘러 예열을 충분히 해주세요. 예열이 충분하지 않으면 기름을 많이 먹어 느끼해져요.

+예하의 도움말

약간의 참기름이 향긋함과 감칠맛을 더해줘요. 살짝만 섞어보시길.

만들어진 반죽을 노릇하게 구워 달래장에 찍어 먹으니 아주 좋더군요. 달래장 만드는 법이 궁금하다고요? 자연스레 달래장으로 넘어가 보아요.

달래장

재료

달래
집간장
양조간장
매실 액기스
맛술(혹은 소주)
볶은 깨
고춧가루
참기름

1. 씻어둔 달래를 씹히는 맛이 있을 정도로 잘라주세요. 동그란 뿌리 부분은 맛이 우러나도록 칼등으로 지그시 눌러줘요.

2. 집간장 1국자, 양조간장 1국자 살짝 안 되게, 매실 액기스 2/3국자, 맛술 1/2국자를 넣습니다. 맛술 대신 소주를 사용해도 돼요.

+예하의 도움말
"홍순 씨, 술은 변질 없으라고 넣는 거제?", "척하면 척이네 그려."

3. 고소하게 볶은 깨 2숟가락, 고춧가루 소복이 2숟가락, 참기름 1숟가락도 넣어주세요.

4. 다져둔 달래를 섞어주고 나면 달래장 완성입니다. 홍순 씨의 달래장은 간간한 편이라 먹을 만큼 덜어서 그날의 취향 따라 참기름과 물(혹은 작두콩 우린 물)을 더해 먹으면 좋아요.

5. 생다시마에 두부와 함께 싸 먹어도,

6. 달래장을 넣어 파스타를 해 먹어도 어울린답니다.

달래 하나로 세상을 가졌던 날. 매년 돌아오지만 모든 봄이 다르고, 어제와 오늘이 다른 생명들. 다디단 봄 내음, 그저 우리 함께라면.

"달래에 간장만 섞으면 그게 달래장이었지 뭐. 지금처럼 다양하게 넣을 게 어디 있었겠어. 음식도, 여행도 예전엔 꿈도 못 꿨던 것들이었지. 언니야, 달래 캐러 가자고, 나가자고 언니 손을 잡고 발을 걸었어. 그게 내 여행이었어."

이번 역은 시금치입니다

남해 나들이 중 멋들어지게 펼쳐진 시금치 밭을 만난 날.
차가운 바람과 함께 자라난 시금치가 기특하고 또 빛나서
두 눈을 반짝이며 무작정 밭에 계신 할머니에게 뛰어가 물었어요.
"혹시 시금치 살 수 있나요?"
"말이라고!"
네 글자로부터 시작된 시금치 콩가루 된장국.

재료

시금치
양파
두부
채수
된장
볶은 콩가루
(혹은 날콩가루)

1. 남해에서 데려온 시금치를 반으로 갈라 깨끗하게 씻고, 양파 1/2개를 준비해주세요.

2. 끓여둔 채수 3~4컵에 크게 뜬 된장 1숟가락을 넣어 잘 풀어준 다음 냄비에 붓습니다.

+예하의 도움말
이 된장국은 무가 충분히 들어간 시원한 채수가 잘 어울려요.

3. 깍둑썰기한 양파를 **2**에 넣고 함께 끓여주세요.

+예하의 도움말

양파가 없다면 다진 마늘을 넣어줘도 됩니다.
청양고추는 선택!

4. 양파가 투명해지면 두부를 넣고, 쫑쫑 썬 시금치를 넣어 한소끔 끓여냅니다.

5. 마무리에 콩가루 2숟가락을 넣어 살짝 끓여주면 완성!

+홍순 씨의 지혜

보통은 날콩가루를 넣는디 오늘은 없어서
볶은 콩가루를 썼어. 고소하니 오히려 좋아!

이번 역은 하얀 눈 속에 숨겨두었던 설레임, 그 안의 시금치입니다.

내리실 방향은 당신이 가보지 않은 쪽입니다. 내리실 때 두고 내리는 마음이 있지는 않은지, 잊었던 마음은 없는지 잘 살펴보시기를 바랍니다.

좋은 날을 기다리기보다는 스스로 만들어 가시기를, 일상을 여행처럼 살아가시기를.

겨울방학

"네가 내 낭만이야"

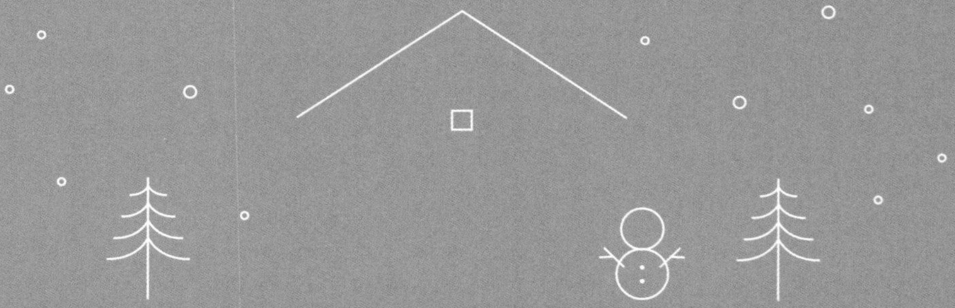

시장에
가면

냉장고를 열어보니 먹을 게 없네요. 장바구니를 챙겨서 집을 나섭니다. 멀지 않은 거리에 늘어서 있는 대형마트들. 큰 마트의 지하로 내려가요.
멋지고 깔끔하게 포장된 채소들을 바라봅니다. 기분이 좋아지지만 한편으로는 무서워요. 이곳에는 계절이 없거든요. 요즘은 기술이 좋아져서 뭐든지 사시사철 재배가 가능하답니다.
저는 무엇을 먹어야 할까요? 한겨울 장을 보러 갔다가 진열대에 나와 있는 여름 채소들을 보며 제가 한 생각입니다. 이렇듯 점점 채소의 계절이 사라지고 있어요. 그 의미를 잃고서 흙 한 톨 없이 근사하게 포장되어 있을 뿐.
저는 채소의 의미를 되찾기 위하여, 걸맞은 계절을 느끼고 싶어 길을 나서기로 결심합니다. 흐트러진 모습도 기꺼이 안아주고 말겠다는 마음도 챙겨서요.

매일 새벽마다 노지에서 자란 채소들이 서로의 아름다움을 뽐내는 곳. 버스 정류장이 가게가 되고 분식점 앞도, 꽃집 앞도 누군가의 몫이 되며 모든 가게 앞을 채소가 점령해도 좋은 곳. 부르는 게 값이라는 이곳은 새벽시장이자 번개시장입니다.

시장에서는 계절을 온몸으로 느낄 수 있어요.
인터넷 검색 없이도 멋들어진 채소들이
말을 건네고 있거든요.
"나 지금 전성기야!"

파는 분들의 성격이 드러나는
담음새와 볕으로 샤워 중인 채소들.
봄, 여름, 가을, 겨울의 잔칫상이
그대로 담겨 있습니다.

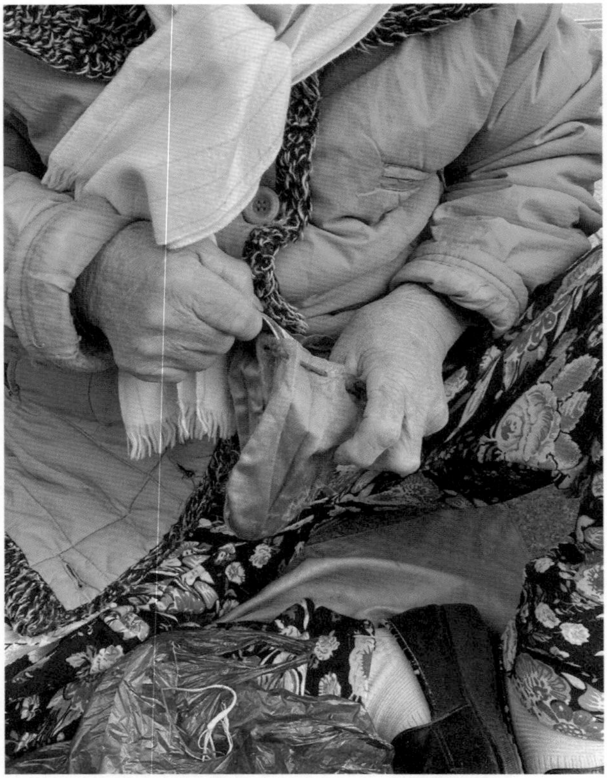

날씨가 좋으나 흐리나 나와서 자리를 잡고 계시던,
이제는 제법 친근해진 어르신들의 자리.
"파격 행사, 고객 특별가!" 대신 내 귓가를 채우는 목소리.
"아이고, 오랜만에 왔네."
"오늘 오이가 맛있는데, 무침 해 먹으면 참 좋아."
"난 오늘 시장이 처음이여! 손녀 같아서 좀 더 줄란다~"
어르신들의 마음도 장바구니 속에 챙겨봅니다.

시장을 걷다 보면 살아 있음을 느낍니다. 정제되지 않은 사람들의 따스함과 나뒹구는 배춧잎의 자유로움, 꼭 나를 닮은 것 같은 흐트러진 냉이. 빽빽한 사람들 틈에서 깨달아요. '나 살아 있구나.'

처음 혼자서 시장에 갔을 땐 쭈뼛대느라 바빴는데 이제는 인사를 건네며 하나 더 넣어달라고 웃을 줄 아는 어른이 되었습니다.

이 집 두부가 가장 맛있어서 또 왔다고, 배추를 어쩜 이렇게 멋지게 두었냐며 능청스레 마음을 건네보아요.

제가 시장에서 발견한 건 채소가 아니라 사람이었습니다.

사람을 통해 채소를, 세상을 바라봐요.

제 세상은 온통 사람으로 가득합니다.

작품명 먹으면 가장 힘이 나는 친구들

작가명 홍순 씨

한마디 힘알탱이 없을 때 이것들을 잡솨요!

할머니와
나의 시간

할머니의 앨범

"여기서 제일 멋진 사람이 할아버지야."

"내 여동생이 젊을 때 양장점을 했어. 호주 이민 가기 전에 언니 예쁜 옷 하나 해줄게, 이러더니 맞춰준 옷이야. 내 첫 번째 양장이지. 갸가 나보다 먼저 떠날 줄은 몰랐는데. 다시 보니 참 고맙네. 나 제법 멋지네."

"아주 옛날엔 텔레비전도 없고
차도 없고, 어디 갈 데가 없으니
마을 사람들끼리 모여서 많이
놀았어. 봄가을만 되면 놀자!
해서 장구랑 꽹과리를 치고
놀았지. 이날은 내가 장구를
배워볼라고 짊어진 날이야."

"할머니, 꿈이
가수였다고 하지 않았어?"
"가수가 되고 싶다고 되나?
될 만한 시대가 아니었지.
마당에 덕석 깔고 잔칫상 차리고
놀면 거기 나가서 노래를 불렀어.
아주 크게 불렀어.
아~ 노래했으면 이름 좀
날렸을 텐데!"

제로 웨이스트가 뭔지는 몰라도

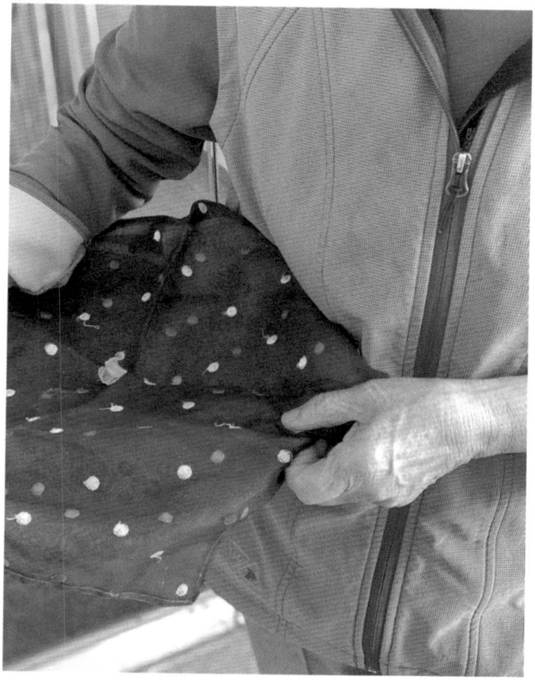

홍순 씨는 기후 위기를 직접 몸으로 느낍니다. 흐드러진 벚꽃 사이를 걸으며 “날이 갈수록 벌들이 없어. 예전엔 이 아래를 걸으면 모터를 튼 것처럼 윙윙거렸거든”라고 하시고요. 유난히 건조한 봄날에 “비가 안 와서 걱정이야. 죽순이 다 말라비틀어졌데. 농사하는 친구들이 얼마나 울상인지 몰라”라며 안타까워합니다. 하지만 그런 변화에 슬퍼하기도 잠깐, 할 수 있는 것들을 자연스레 실천하는 모습이 보여요. 랩 대신 보자기를 사용하는 모습, 친구들과 물건을 나눌 때 신문지로 감싸는 모습, 시장에 갈 때 용기를 챙기는 모습 등. 오늘내일이 아닌 훗날의 너희를 위해서라도 아끼겠다는 마음을 할머니에게 배웁니다.

사진 찍는 법을 익혀가던 일

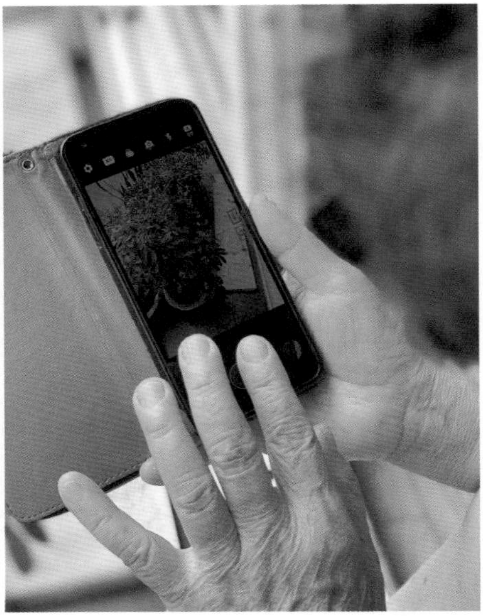

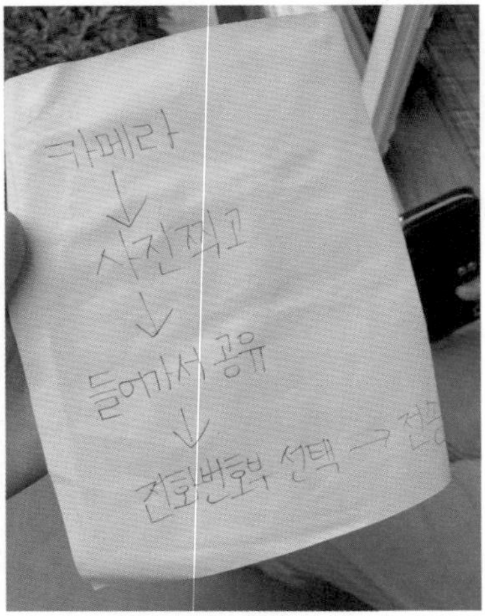

조그마해도 예쁜 꽃만 보면 찍고 싶다는 할머니에게 묻습니다. 사진 찍어서 어디에 쓰고 싶냐고요. 함께 봐야 그게 진짜 행복이 되더라, 좋은 건 나누어야 한다는 말에 차근차근 찍는 법을 알려드려요. 이래놓고서 다시 웃으며 물어볼 거라는 걸 알지만, 저는 오늘도 처음처럼 할머니의 카메라를 켜드립니다.

할머니의 들꽃다발

계절마다 피어나는 꽃들로
꽃다발을 만들어주는 할머니.
날이 좋아서, 노란색이 예뻐서.
낭만도 이런 낭만이 없겠구나
싶었던 꽃다발 모음집.

할머니들의 우정

동네 할머님들을 바라보다 보면 십 대
소녀들과 별반 다르지 않다는 생각을 해요.
생일이니 다 같이 모여 밥을 해 먹자는 전화.
언제 왔다 가셨는지 문 앞에 걸린 먹거리.
귀에 꽃을 꽂으며 산책하는 모습을
바라봅니다. 어쩌면 소녀라는 단어는
할머니들을 위한 단어일지도 모르겠습니다.

할머니가

사과하는 방법

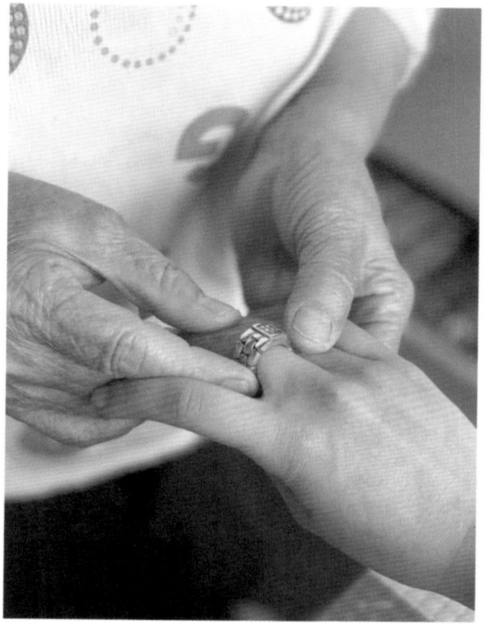

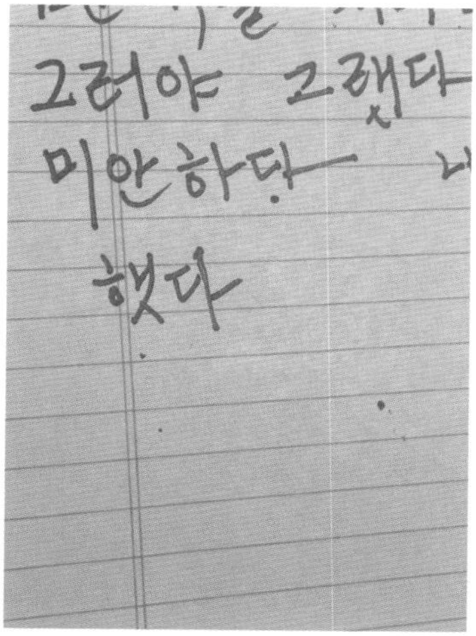

낭만만 가득할 것 같지만 저희도
티격태격하는 날이 있습니다.
내 금반지 너 줄 테니 화 풀라고, 삐뚤빼뚤한
글씨체로 미안하다고 적어두는 할머니
앞에서는 무용지물이지만요. 지는 것이
이기는 법이라는 걸 알면서도 왜 이리
어려운지요.

할머니와 떠나는 들풀 교실

누군가에겐 잡초였을 것들의 이름을 묻습니다. 할머니와 밭을 거닐며 지나쳤던 생명들에게 이름을 붙여주어요. 우리는 오늘도 들풀 사이를 거닐며, 이야기를 나누고 있답니다.

예하에게

예하야, 항상 건강하고 네가 하는 일에 잘해봐. 그리고 세상이 무서우니

늘 사람 조심하고, 차 오는 거 양옆으로 잘 살피고, 밤늦게 다니지 말고.

10시 안으로는 집으로 돌아와! 또 하고 싶은 말 있다. 사람은 건강이

최고야. 그러니 건강을 1순위로 생각하고 제때 밥 챙겨 먹고,

편안한 마음으로 웃으면서 지내고. 이야기 많이 하면 치매 안 걸린다고

내 친구가 말을 그렇게 많이 하데. 그 말 들으면서 생각했어.

너랑 조잘조잘 이야기하는 게 나한테도 참 좋겠구나 하면서 말이야.

누가 뭐라고 해도 흔들리지 말고, 내 마음은 내가 잡는 거니 그 누구도

너를 흔들 수 없다는 것도 기억해. 열심히 살아줘서 고맙다.

이 편지가 어느 날의 너에게 불쑥 힘이 되면 좋겠네.

추신. 우리 이따가는 뭐 해 먹을까나?

나가는 글

떡을 빚는 마음으로

“음식은 마음으로 빚어야 해.” 잊을 만하면 할머니가 들려주는 말입니다. 좋은 재료라도 정성이 들어가지 않으면 그 음식은 완성되지 않는다고요. 단순히 음식을 만드는 데 그치지 않고 온 마음으로 빚어냈기에 저희의 이야기가 세상에 전해질 수 있다고 생각합니다. 하나씩 써 내려간 글과 직접 찍은 사진, 중간중간 등장하는 작은 그림과 손글씨에 저희의 마음을 담고 또 담았습니다. 책의 두툼한 무게를 감히 애정의 무게라 말하고 싶습니다.

저희는 살아가면서 많은 덕을 보며 살아갑니다. 책에 펼쳐진 계절 속 재료들에, 재료 이전에 땀 흘리며 땅을 일구어준 농부에게, 그 모든 것의 시작이었던 땅에게. 이 외에도 마음이 지치는 순간이면 손 내밀어주던 화면 너머의 수많은 분들과, 반짝이는 눈으로 저를 다듬어준 편집자 세연 님, 그리고 저에게 채소와도 같은 홍순 씨까지, 모두에게 사랑을 전하고 싶습니다. 제 사랑은 당신들과 닮아 있을 테니까요.

홍순 씨는 마법사 같은 사람입니다. 그의 눈을 마주 보고 이야기를 듣고 있으면 주변이 논밭으로 변하기도 하고, 1950년대 어느 산골 마을이 되기도 합니다. 그의 요리는 저를 열 살 남짓한 꼬맹이에 머무르게도 하지요. 그와 만나고 제 삶은 많이 변했습니다. 더 이상 채우기만 하는 것이 아닌 비우는 삶을 살고 싶어졌거든요. 언젠가 저도 홍순 씨를 닮은 할머니가 되어 사랑 가득한 눈으로 세상을, 사람을 바라보고 싶습니다.

홍순 씨와 저의 이야기는 이 책 너머로도 계속해서 이어집니다. 저희는 또 어디선가 들풀을 뜯고, 별을 누리며 다정한 세상을 만들어나가고 있을 거예요. 다들 완벽할 생각 말고 조금은 허술하게, 가끔은 엉뚱하게 여러분만의 세상 하나뿐인 레시피를 빚어나가시길 바랍니다. 밥 잘 챙겨드시고요!

건강한 몸으로 잘지내면서
모든게 만사 형통하기를
기원 합니다
다시 만나서 즐거운 이야기 합시다
앞으로 쭉)

홍순씨드림